健康影响评价实施操作手册（2021版）

◎ 中国健康教育中心　编著

人民卫生出版社
·北京·

图书在版编目（CIP）数据

健康影响评价实施操作手册：2021 版 / 中国健康教育中心编著 . —北京：人民卫生出版社，2022.1（2024.9重印）

ISBN 978-7-117-32759-6

Ⅰ. ①健… Ⅱ. ①中… Ⅲ. ①环境影响 – 健康 – 评价 – 手册 Ⅳ. ①X503.1-62

中国版本图书馆 CIP 数据核字（2022）第 001254 号

健康影响评价实施操作手册（2021 版）

Jiankang Yingxiang Pingjia Shishi Caozuo Shouce（2021 Ban）

编　　著：中国健康教育中心
出版发行：人民卫生出版社（中继线 010-59780011）
地　　址：北京市朝阳区潘家园南里 19 号
邮　　编：100021
E - mail：pmph @ pmph.com
购书热线：010-59787592　010-59787584　010-65264830
印　　刷：北京虎彩文化传播有限公司
经　　销：新华书店
开　　本：787 × 1092　1/16　　印张：8
字　　数：195 千字
版　　次：2022 年 1 月第 1 版
印　　次：2024 年 9 月第 5 次印刷
标准书号：ISBN 978-7-117-32759-6
定　　价：45.00 元

《健康影响评价实施操作手册(2021版)》

编写委员会

主　　任　李长宁

副 主 任　吴　敬

委　　员　(按姓氏拼音首字母排序)

陈燕娟　董朝霞　杜　强　蒋希冀　李　莹　李长宁　李金涛
李星明　林　苗　刘继恒　刘晓俊　卢　永　吕书红　吕战胜
钱　玲　史宇晖　孙　桐　王　兰　王　琴　王建勋　王俊儒
王琪薇　吴　敬　徐　勇　徐静东　徐水洋　徐晓莉　严丽萍
杨　青　杨雅文　于石成　张　萌　仲学锋　庄辉烈

主　　编　卢　永　钱　玲

副 主 编　王建勋　张　萌　吕战胜　刘继恒

主　　审　李长宁　吴　敬

审稿专家　(按姓氏拼音首字母排序)

杜　强　林　苗　卢　永　吕战胜　钱　玲　史宇晖　王　兰

编写秘书　安芮莹　王夏玲

编写说明

中共中央政治局2016年8月26日审议通过《"健康中国2030"规划纲要》,作为推进健康中国建设的行动纲领。《"健康中国2030"规划纲要》第七篇"健全支撑与保障"中明确提出"全面建立健康影响评价评估制度,系统评估各项经济社会发展规划和政策、重大工程项目对健康的影响,健全监督机制"。2019年12月28日通过《中华人民共和国基本医疗卫生与健康促进法》,其中第六条规定"各级人民政府应当把人民健康放在优先发展的战略地位,将健康理念融入各项政策""建立健康影响评估制度,将公民主要健康指标改善情况纳入政府目标责任考核"。2021年7月,全国爱国卫生运动委员会办公室、健康中国行动推进委员会办公室在全国部署健康影响评估制度建设试点工作,试点工作管理办公室设在中国健康教育中心。

世界卫生组织将健康影响评价定义为系统地评判政策、规划、项目对人群健康的潜在影响及影响在人群中的分布情况的一系列程序、方法和工具。健康影响评价是建立健康影响评估制度的关键技术路径。

为贯彻落实全面建立健康影响评估制度,提高健康影响评价能力,中国健康教育中心编写了《健康影响评价实施操作手册(2021版)》(以下简称《手册》)。本《手册》包括健康影响评价的概述及相关名词解释、重要公共政策健康影响评价操作手册、重大工程项目健康影响评价技术指南及参考案例、空间规划健康影响评价技术指南及参考案例四个部分,旨在为各地各相关部门开展健康影响评价提供技术路径和参考工具。

本《手册》在编写过程中,基于《"健康中国2030"规划纲要》对健康影响评价范围的限定即"系统评估各项经济社会发展规划和政策、重大工程项目对健康的影响"、公共政策的定义及我国目前公共政策涵盖范围、《健康影响评价实施操作手册(2019版)》的使用情况,对重要规划和政策、重大工程项目的健康影响评价切入机制和技术流程进行进一步梳理。

另外，由于空间规划项目的特殊性和重要性，在《健康影响评价实施操作手册(2019版)》相关技术指南的指导下，各地进行了实践，本《手册》将实践案例作为补充，为空间规划健康影响评价的“落地”提供参考。本《手册》同时将健康影响评价技术流程与案例结合，以期帮助读者更好地理解和运用。

本《手册》主要针对我国地市级相关部门开展健康影响评价使用，同时可为省、县区级及跨区域开展健康影响评价工作提供参考。

编写委员会

2021年9月

目　　录

第一部分　健康影响评价的概述及相关名词解释……1
1　健康影响评价的概述……1
1.1　健康影响评价的定义……1
1.2　健康影响评价的起源与发展……1
1.3　健康影响评价的内容和技术程序……2
1.4　健康影响评价实施原则……4
1.5　健康影响评价的益处及意义……5
2　相关名词解释……6
2.1　健康相关名词……6
2.2　健康影响评价相关名词……9
2.3　政策、规划相关名词……11
主要参考文献……17

第二部分　重要公共政策健康影响评价操作手册……20
1　重要公共政策健康影响评价的相关概念限定……20
1.1　重要公共政策……20
1.2　公共政策评价……20
1.3　重要公共政策健康影响评价的实施步骤……21
2　重要公共政策健康影响评价的原则……22
3　重要公共政策健康影响评价的工作机制……23
3.1　制定和完善评价各项制度……23
3.2　建立组织管理协调机制和工作网络……23
3.3　明确实施主体和职责……25
3.4　强化监督和激励……25
4　重要公共政策健康影响评价的行政路径……27

4.1 重要公共政策制定流程……27
4.2 重要公共政策健康影响评价的切入路径……27
4.3 健康影响评价融入后，重要公共政策的制定流程……28
5 重要公共政策健康影响评价的技术流程……30
5.1 提交登记……31
5.2 组建专家组……31
5.3 筛选……31
5.4 分析评估……31
5.5 出具评价报告（建议）……33
5.6 评价结果备案……33
5.7 评价结果使用……33
5.8 监测评估……34
6 重要公共政策健康影响评价相关表单……35
7 案例……45
案例一 《杭州市国民经济和社会发展第十三个五年规划纲要》的健康影响评价……45
案例二 《宜昌市城区菜市场提质惠民三年行动实施方案（2018—2020年）》健康影响评价……55
主要参考文献……60

第三部分 重大工程项目健康影响评价技术指南及参考案例……62
1 有关环境影响评价的内容简介……63
1.1 环境影响评价的根本目的……63
1.2 环境影响评价的范围……63
1.3 环境影响评价的内容……63
1.4 建设项目环境影响评价的分类管理……64
2 重大工程项目环境影响评价中的健康影响评价切入……66
2.1 重大工程项目中健康影响评价的管理流程切入……66
2.2 重大工程项目中健康影响评价的技术流程切入……68
3 重大工程项目中健康影响评价的实施原则……70
4 重大工程项目中健康影响评价实施流程的关键环节……71
4.1 项目筛选……71
4.2 确定健康影响评价的内容……71
4.3 分析评估阶段中常用的方法……74
4.4 健康影响评价报告撰写……76
5 案例……77

案例一　杭州市城西分类减量综合体建设项目的健康影响评价 ……77
案例二　湖北省吉美化妆品有限公司生产基地建设及乳化包装生产线项目的健康影响评价 ……87
主要参考文献……90

第四部分　空间规划健康影响评价技术指南及参考案例……92
1　国土空间规划体系……93
2　国土空间规划的健康影响评价……94
2.1　开展国土空间规划健康影响评价的意义……94
2.2　城市空间规划健康影响评价的理论框架……94
2.3　空间规划健康影响评价的程序……94
3　空间规划方案健康影响评价的技术方法……97
3.1　空间规划健康影响评价的维度……97
3.2　空间规划健康影响评价的方法……97
3.3　空间规划健康影响评价的关键技术……98
4　对空间规划健康影响评价的思考……100
5　案例……101
案例一　《宜昌市 B—WJ18 编制单元(临江坪片区)控制性详细规划》项目的健康影响评价……101
案例二　杭州市《×× 社区规划》项目的健康影响评价……112
主要参考文献……118

第一部分

健康影响评价的概述及相关名词解释

1 健康影响评价的概述

1.1 健康影响评价的定义

健康影响评价(health impact assessment,HIA)由世界卫生组织(World Health Organization, WHO)于1999年提出。健康影响评价是指系统地评判政策、规划、项目(通常是多个部门或跨部门)对人群健康的潜在影响及影响在人群中的分布情况的一系列程序、方法和工具。

国际影响评价协会(International Association for Impact Assessment,IAIA)定义健康影响评价为一种集程序、方法和工具的组合,它能系统地判断出政策、计划、方案或项目对人群健康的潜在(或非预期)的影响及其在人群中的分布,并确定适宜的行动来管理这些影响。

健康影响评价旨在通过考察政策、规划、项目对健康的潜在影响,进而影响决策过程。健康影响评价帮助政策制定者预见不同的选择如何对健康产生影响,促使他们在选择时充分考虑健康结果。健康影响评价是建立健康影响评估制度的关键技术路径。

1.2 健康影响评价的起源与发展

健康影响评价最初由环境影响评价(environmental impact assessment,EIA)衍生而来。20世纪80年代开始,人们意识到健康状态受多种因素影响,包括社会、文化和物质环境以及个人行为特征。WHO在20世纪80年代提出环境健康影响评价(environmental health impact assessment,EHIA)的概念,在环境影响评价评估过程中加入健康评估的内容。早期的健康影响评价研究及实践大多在加拿大、澳大利亚以及欧洲的一些发达国家进行,在大型基础设施项目以及环境影响评价流程中检视健康问题,基于环境影响评价的实施建立模型,或与环境影响评价相结合。也有研究者指出健康影响评价的另一个起源即政治科学和其他社会科学的政策评估。

20世纪90年代,健康影响评价运动在加拿大和部分欧洲国家达到高潮,研究者对其定义和目标等方面进行探索,形成了较为成熟的理论体系。以英国和荷兰为早期代表,欧洲的健康机构和研究者积极探索健康影响评价理论框架,并开发出一系列评价工具。譬如1990

年英国海外发展管理局发起“利物浦健康影响计划(the Liverpool Health Impact Program)”。1992 年亚洲开发银行(Asian Development Bank,ADB)将危险辨识、风险解读和管理与环境影响评价相融合,开发了健康影响评价框架。从 1993 年开始,加拿大不列颠哥伦比亚省要求通过内阁向政府提交议案时附上健康影响评价报告;不久,该省健康和老年人管理局开发出第一个健康影响评价工具。欧美国家在农业、大气、文化、能源、住房等多个领域应用健康影响评价工具,以减少相关政策和项目对公共健康造成不良的影响。

21 世纪开始,健康影响评价的发展更加多元化。欧洲、北美、非洲和亚太地区陆续进行健康影响评价实践,积累了丰富的经验,健康影响评价已经发展成为全球范围内的一项实践,对改善健康和健康公平发挥出重要作用。

WHO 一直积极支持健康影响评价的发展。由于现有机制中公共机构在决策时常常未考虑政策对健康产生的影响,以及公众对不同机构共同承担健康责任的呼吁,1986 年,WHO 即宣称健康影响评价应作为一个独立工作领域,并在《渥太华宪章》(*Ottawa Charter for Health Promotion*)中指出:和平、住房、教育、食品、经济收入、稳定的生态环境、可持续的资源、社会的公正与平等是健康的必要条件,敦促所有部门的决策者要了解到他们的决策对健康带来的影响并承担相应的责任。《渥太华宪章》要求“系统地评估环境的迅速改变对健康的影响,特别是在技术工作、能源生产和城市化的地区,尤其如此”。1999 年,WHO 欧洲健康政策中心发布《哥德堡共同声明》(*The Gothenburg Consensus Paper*),认为健康影响评价应坚持 4 种价值观:民主、公平、可持续发展,以及合乎伦理地使用证据。《哥德堡共同声明》为健康影响评价这个新兴领域提供了重要的依据。

我国针对健康影响的评价主要集中在环境影响评价,已经较为制度化,或者在重大工程项目的卫生学评价、卫生应急和食品安全风险评估等工作中,通常需要对工程项目中可能涉及的特定健康问题进行预测性评价,大多聚焦于环境保护、传染病防控等领域,评价的健康危险因素通常已有明确的安全阈值标准。在个别的项目评价中也涉及健康影响评价,如三峡工程对于周围特定人群的影响研究、2008 年北京奥运会对于城市健康影响的评估。2014 年以来,结合国际经验和中国公共政策决策体制,在健康促进县区试点建设中尝试建立公共政策健康审查制度,为探索健康影响评价机制、路径和流程积累了工作经验。目前从国家到省、市各个层面,从公共卫生专业机构到大学院校及研究机构,均开展了健康影响评价机制、路径和方法的研究和实践探索。如浙江省省级层面,杭州市、成都市等省会城市,以及宜昌市、深圳市、琼海市等地组织开展相关研究,其中湖北省宜昌市人民政府于 2018 年制定下发了《宜昌市公共政策健康影响评价实施方案(试行)》,杭州市人民政府 2019 年 10 月印发了《杭州市公共政策健康影响评价试点实施方案(试行)》,浙江省在总结前期试点基础上编制《浙江省公共政策健康影响评价工作手册(2021 版)》,全省逐步推开健康影响评价工作。健康影响评价日渐成为业界关注的焦点。

1.3 健康影响评价的内容和技术程序

与 WHO 对健康的定义,即“健康(health)不仅仅是没有疾病和痛苦,还是躯体和生理上的完好以及良好的社会适应状态”相呼应,健康影响评价的内容涵盖了经济、社会、环境等领域,涉及人们生存、生产、生活的方方面面。

健康影响评价与环境影响评价、社会影响评价(social impact assessment,SIA)的具体内容，既有相互交叉，也有各自不同。即使是针对相同的内容进行评估，三者也因为各自不同的领域，其评估的侧重点存在明显差异。如健康影响评价和社会影响评价均涉及公共健康、就业、教育和个人行为方面，社会影响评价研究的重点是项目或政策是如何影响就业率、收入和住房等；而健康影响评价的重点是项目引起的就业率、住房变化如何最终影响居民健康，譬如就业和收入如何影响总体发病率、高密度和低质量住房环境如何影响呼吸系统疾病传播、犯罪率和暴力事件如何影响伤害发生率等。

健康影响评价使用最为广泛的领域存在于环境、交通和土地使用规划方面，并逐渐应用到劳动、教育、司法、食物供应系统以及其他公共机构。南美洲、非洲和亚太地区的评估更多关注于能源开发和基础设施项目。

目前公共健康和城乡规划的跨学科交叉研究日益受到关注，在规划实践中纳入健康影响评价工具逐步成为新兴趋势。健康影响评价为规划师提供了预判规划潜在健康影响的方法，同时能够使决策者和居民都可以从健康角度参与规划过程，了解其潜在影响并提出相关建议，开展公众参与。

健康影响评价的技术程序与环境影响评价、社会影响评价类似。WHO 推荐健康影响评价核心步骤为筛选、范围界定、评估、报告、监测（图 1-1）。在各国实践中，虽然具体实施程序有所差异，但技术核心不变。

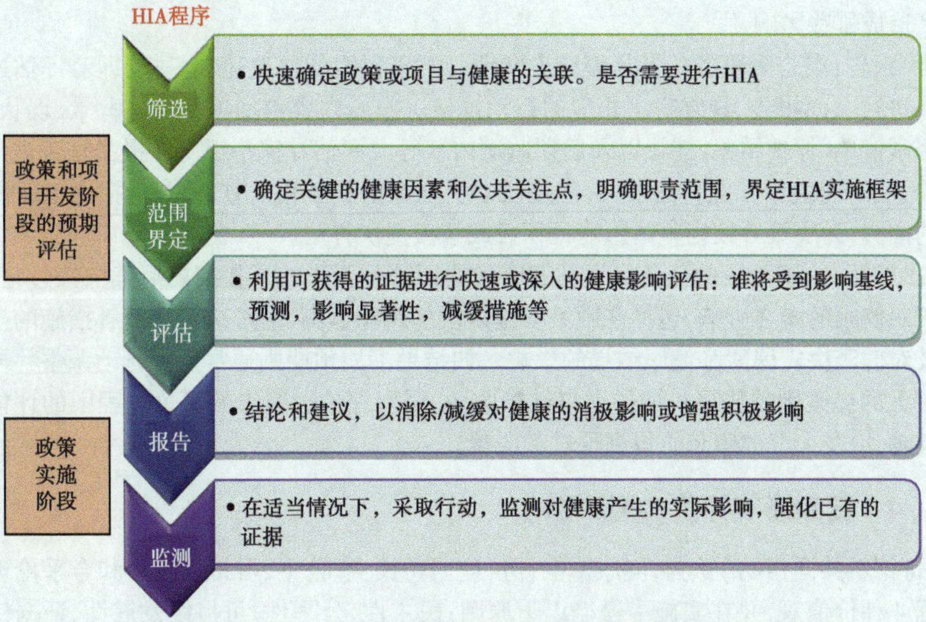

图 1-1 WHO 建议的健康影响评价技术程序

(1) 筛选：筛选阶段的目的是快速确定某一项提案（政策、规划或建设项目）是否需要做健康影响评价。筛选的内容包括该提案是否对社会经济、环境、生活方式等健康因素产生潜在的积极影响或消极影响，潜在的影响是否会带来伤害或影响到较多的人群等，最终确定是否需要进行健康影响评价。由于不可能对所有的工程、政策或项目都进行健康影响评价，通过筛选来判断何者需要进行健康影响评价。筛选需要重点关注的是提案是否会影响主要的健康决定因素以及是否会影响全人群或弱势群体，判定健康影响评价在决策过程中的价值、可行性和实用性。

（2）范围界定：此阶段的目的是为评估过程界定范围，明确哪些部门或决策者应该参与健康影响评价过程，决定各个部门和成员在评估过程中具体参与哪些内容。确定需要调查哪些潜在的健康决定因素以及健康影响评价实施的地理范围和相关人群。从政策变动的紧迫性、影响、利益、时间及可用资源等方面确定健康影响评价要优先考虑的问题，确定健康影响评价实施框架，包括执行计划、时间安排和职责范围，确定证据收集和研究方法等。

（3）评估：评估阶段是确定是否存在健康危害和寻找对健康存在影响的证据的过程，健康影响评价的大部分工作在这个阶段完成。评估过程中，先由专家小组对该提案进行详细审查，包括提案的相关文件中有关健康决定因素、社会经济等问题与提案关键要素的关系，从而列出提案可能对实施区域造成的具体健康危害。评估是健康影响评价的主要工作内容。可采用定性和定量方法收集和分析证据（如相关政府部门资料、采访关键人士、组织公众群体进行讨论、实地调研、地理信息系统绘图以及文献分析等），描述人群健康状况的基线和预期健康影响，评估不确定性，明确并评估缓解措施、策略、备选决策方案的效用与可行性，推荐优先选择，开发健康管理和监测计划等。在此阶段中会使用一系列方法（包括访谈重点人群、调查和社区分析等），整理最佳的定性和定量证据，由专家小组对数据进行分析，将健康影响进行分类（积极和消极），并按照重要性和大小进行排序，讨论提案的实施会对不同人群和社区造成哪些影响。

（4）报告：报告阶段的任务是健康影响评价对于提案的修改建议汇报，即对评估过程以及结果进行书面报告，最终得出相应的行动框架。报告内容包括项目评估背景、现状分析、影响因素清单、评估结果、建议以及后期监测内容等。评估专家小组应在提案是否被批准许可之前，及时向决策者交付建议书，在建议中明确提出利益相关方的意见，摆明健康影响与提案的冲突，为决策者权衡整体影响是积极或消极提供方法。

（5）监测：监测阶段的任务是评估健康影响评价是否影响了提案的后续决策过程，并分析提案对健康的潜在影响，包括在政策实施阶段的跟踪监测、监控决策和缓解措施的执行情况以及对健康决定因素和健康结局的影响。如结果不如预期则通常需做行动调整并再次评估。较大的提案则需要更长期的人口健康监测，用以评价健康影响评价过程中的评估预测是否准确，以及人群健康是否得到促进和改善。

1.4　健康影响评价实施原则

《哥德堡共同声明》认为，健康影响评价应坚持民主、公平、可持续发展和合乎伦理地使用证据 4 种价值观，并在实施中遵循以下原则：民主性、公平性、可持续发展性、证据使用的伦理性以及处理健康问题方法的综合性。

（1）民主性：强调公民有权直接参与或通过其选举的决策者参与那些影响其生活的提案制订过程。应将公众参与纳入健康影响评价并告知和影响决策制定者。应区分那些自愿暴露于风险的人和那些被迫暴露于风险的人。

（2）公平性：强调减少不平等。这些不平等来源于人群内部和人群之间的健康决定因素和 / 或健康状况的不可避免差异。健康影响评价应当考虑到对不同人群健康影响的差异性，格外关注弱势群体，并提出修改意见，从而改善对受众的影响。

(3) 可持续发展性：强调发展在满足当代人需求的同时，应不损害后代人满足其自身需求的能力。健康影响评价方法应当判断每个提案的短、长期效应，并及时提供给决策者。健康是人类社会保持活力的基础，支持着整个社会的发展。

(4) 证据使用的伦理性：强调证据归纳和解释的过程必须是透明和严格的，强调使用来自不同学科和方法的最佳证据，强调所有证据的价值性以及建议的公平性。健康影响评价方法应当利用证据来判断影响并提出建议，不应当过早地支持或反驳任何建议，并且应当是严格和透明的。

(5) 处理健康问题方法的综合性：强调身体、心理和社会适应是由社会各个部门的众多因素所决定（即"更广泛的健康决定因素"）。健康影响评价方法应当基于这些广泛的健康决定因素。

1.5　健康影响评价的益处及意义

Rajiv Bhatia 博士基于 WHO 相关报告及研究文献综述，在《健康影响评价实践指南》中系统阐述了健康影响评价的意义：

(1) 健康影响评价可以鉴别和定性出每一项可替换的决策给健康带来的潜在伤害或益处，包括对一些特定人群所带来的不利影响，为大众和政策制定者提供一个了解每一项议案对健康影响的途径。同时，健康影响评价可以为计划、政策、程序、项目推荐一些缓解措施和备选设计，以保护和提升健康水平、防止健康不公平现象的发生。

(2) 健康影响评价确保决策制订过程中，对健康影响方面保持透明性和责任性。健康影响评价提供了一种特别机制，能使受影响人群参与到相关政策制定的过程中，有助于解决公众关注和争议的健康问题，尽可能地对政策的实施产生更大的推动作用。

(3) 健康影响评价可成为一种工具，构建针对人群健康需求的公众意识和体制意识。作为体制研究的承载物，健康影响评价将影响到政策制定者对于决策的健康效应的思考方式、体制机构将健康考量与政策设计的结合方式、公共健康领域与公共机构（除健康部门外）的关系模式。

健康影响评价是实施健康中国战略的核心策略之一。《"健康中国 2030" 规划纲要》把"将健康融入所有政策"（Health in All Policies，HiAP）作为推进健康中国建设的重要保障机制，要求加强各部门各行业的沟通协作，形成促进健康的合力。全国卫生与健康大会将"把健康融入所有政策"上升为新时期卫生与健康工作方针的内容之一，要从战略的、全局的高度，全面推进实施这一方针。如何落实"把健康融入所有政策"方针，其核心是全面建立健康影响评价评估制度，系统评估各项经济社会发展规划和政策、重大工程项目对健康的影响，并健全监督机制。

（撰　写　孙　桐　徐水洋；
审　核　钱　玲　卢　永）

2 相关名词解释

2.1 健康相关名词

2.1.1 健康

WHO 于 1948 年在其组织宣言中指出，“健康”不仅仅是没有疾病和痛苦,还是躯体和生理上的完好以及良好的社会适应状态;享有最高标准的健康是每个人的一项基本权利,与种族、宗教信仰、政治信仰、经济或社会条件无关;政府部门对其公民的健康负有责任,应提供充足的卫生和社会保障措施。

WHO 在《阿拉木图宣言》(*Declaration of Alma-Ata*)中重申这一定义,并指出:“达到尽可能高的健康水平是世界范围内一项最重要的社会性目标,而其实现则要求卫生部门及社会各部门协调行动。”

根据 WHO 对健康的定义,人的健康的标准可概括为三个方面:

(1) 躯体健康:指人的机体及其生理功能方面的健康,包括身体发育正常,体重适当,体形匀称,眼睛明亮,头发有光泽,皮肤有弹性,睡眠好,能够抵抗一般性感冒和传染病等。

(2) 心理健康:指人的精神、情绪和意识方面的良好状态,包括智力发育正常,自我人格完整,心理平衡,有正确的人生目标和较好的自控能力,精力充沛,情绪稳定,处事乐观,能从容不迫地负担日常生活,对于繁重的工作不感到过分紧张与疲劳,思想和行为符合社会准则及道德规范,与周围环境保持协调,具有追求健康文明生活方式的主观愿望和自觉行动,能够对健康障碍采取及时、合理的预防、治疗和康复措施。

(3) 社会适应性良好:指人的外显行为和内隐行为都能适应复杂的社会环境变化,能为他人所理解,为社会所接受,行为符合社会身份,与他人保持正常的人际关系。同时,还应该接受良好的文化教育,掌握与自身发展和社会进步相适应的科学知识或专业技能,培养从事工作、生产、劳动及其他社会事务的综合素质,不断丰富人生经历、积累人生经验、增强社会适应能力。

2.1.2 健康公平

健康公平(health equity)指每个人都应有公平的机会发挥其全部健康潜能,如果可以避免,任何人都不能被剥夺机会。健康公平是社会公平的一个重要方面,包括健康状态公平和卫生保健公平两个方面。

(1) 健康状态公平是指在生物学范围内,每个人都有同等的机会尽可能达到自身身体、精神和社会生活的完好状态。

(2) 卫生保健公平是指每个人都能公正和平等地获得可利用的卫生服务资源,它涉及卫生服务提供、卫生服务筹资和利用三个方面的公平,具有水平公平和垂直公平两方面的含义。

1) 水平公平:①同等需要者在卫生服务上的消费相同;②同等需要者获得、利用卫生服务的机会相同,享受到的卫生服务质量相等;③同等需要者对卫生服务的利用相等。

2) 垂直公平:①基于消费者付费能力基础上的累进制筹资机制;②基于消费者需要基

础上恰当的、高效的卫生服务。

健康不公平(health inequity)是指在个体或人群组别间,存在着不必要、可避免和不公正的健康状态及其危险因素或卫生服务利用上的不平等。这种不合理的不平等就是健康不公平。

2.1.3　健康决定因素

健康决定因素(determinants of health,DH),又称健康影响因素,有时也称健康危险因素(health risks),是指能使疾病或死亡发生的可能性增加的因素,或者是能使健康不良后果发生概率增加的因素。

关于健康决定因素有不同的分类标准,一般包括生物遗传因素、行为生活方式因素、环境因素、医疗卫生服务因素四类。表1-1将健康决定因素细分为生物因素、个人/家庭情境、社会环境、物理环境、公共服务和公共政策。

表 1-1　健康决定因素一览

类别	健康决定因素
生物因素	年龄、性别、遗传因素
个人/家庭情境	家庭结构、教育、职业、失业、收入、冒险行为、饮食、吸烟、酗酒、滥用药物、运动、休闲时间、出行工具(自行车/汽车)
社会环境	文化、同辈压力、歧视、社会支持(友好的邻居,社会团体或感觉被孤立)、社区、宗教
物理环境	空气、水、住房条件、工作条件、噪声、景观、公共安全、市政规划、商店(地点/范围)、交通(公路/铁路)、土地利用、废物处理、能源、地方环境特征
公共服务	医疗卫生服务机构、儿童保健、社会服务、住房/休闲/就业/社会保障服务的数量和质量、公共交通、公共安全、志愿者和社区服务机构与服务
公共政策	经济/社会/环境/健康趋势、地方/国家优先事项、政策和方案

保持人们良好健康状态的因素往往不在卫生健康部门的直接影响范围之内,涉及很多非卫生健康部门。健康影响评价关注的是可以被改变的健康决定因素,并在人群层面上保护或促进健康。年龄、性别和遗传等个性生物学因素是重要的健康决定因素,但它们无法改变,因此不是健康影响评价关注的内容。

健康影响评价通过分解可改变的健康决定因素(图1-2),分析政策、计划、方案或项目在这些因素上的影响,以达到影响和优化政策、计划、方案或项目的目的,并将健康保护和促进有效地融入其中。

2.1.4　健康社会决定因素

2008年,WHO"健康社会决定因素委员会"(Commission on Social Determinants of Health,CSDH)提交报告《用一代人时间弥合差距:针对健康社会决定因素采取行动以实现健康公平》。其核心观点是:在各国国内以及国家之间,健康不公平现象普遍存在;造成健康不公平的因素除了医疗卫生服务体系不合理外,主要是个人出生、生长、生活、工作和养老的环境不公平,而决定人们日常生活环境不公平的原因是权力、金钱和资源分配的不合理,其根源是在全球、国家、地区层面上广泛存在着政治、经济、社会和文化等制度性缺陷;因此,必须对健康和健康不公平的情况进行科学的测量,理解其严重程度并分析原因,从全球、国家和地区层面做出高度的政治承诺,采取"将健康融入各项公共政策"的策略,建立跨部门的合作机

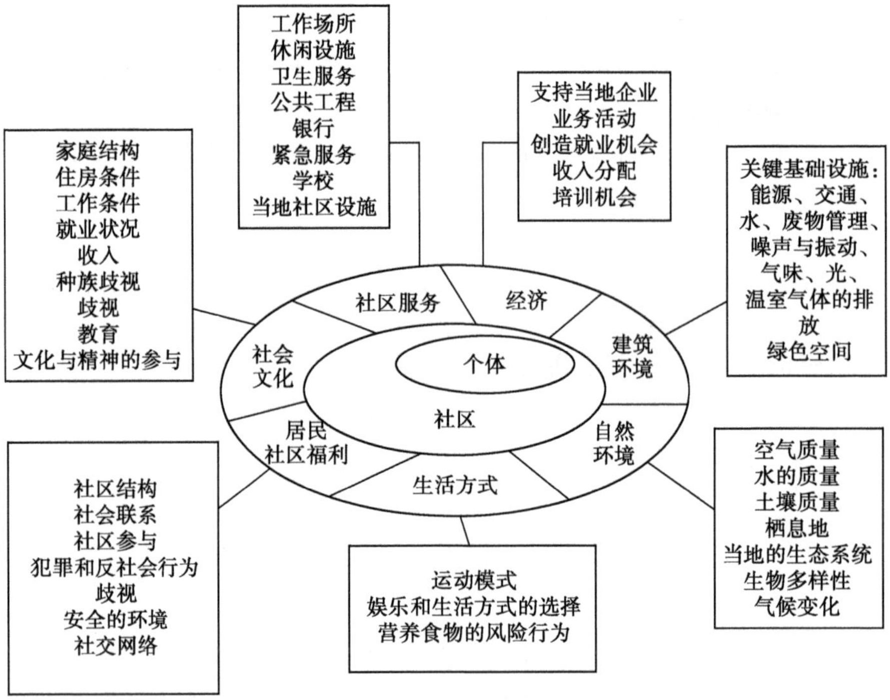

图 1-2 可改变的健康决定因素的分析框架

制，动员社会组织和居民广泛参与，改善人们的日常生活环境，从法律、政策和规划等各个方面采取行动，用一代人的时间弥合健康差距。

报告对健康社会决定因素（social determinants of health，SDH）做出定义：即在直接导致疾病的因素之外，由人们的社会地位所拥有的资源决定的生活和工作环境及其他对健康产生影响的因素，包括经济地位、社会排斥等多方面的内容，反映了人们由出生、成长、生活、工作直至衰老面临的不平等，并最终导致了健康的不平等。

社会决定因素被认为是决定健康和疾病的根本原因，它包括人们从出生、成长、生活、工作到衰老的全部社会环境特征，如收入、教育、饮水和卫生设施、居住条件和社区环境等。

2.1.5 将健康融入所有政策

“将健康融入所有政策”是一种以改善人群健康和健康公平为目标的公共政策制定方法，它系统地考虑这些公共政策可能带来的健康后果，寻求部门间协作，避免政策对健康造成不利影响。

“将健康融入所有政策”策略的提出是以健康相关的权利和义务为基础，重点关注公共政策对健康决定因素的后续影响，旨在提高各级政策制定者对健康的责任。

“将健康融入所有政策”适用于各级政府部门，即制定政策和实施政策的机构，包括立法机构和行政机构。

2.1.6 健康结局

健康结局（health outcome）是指人群中个体和群组或整个人群的健康状况。

2.2 健康影响评价相关名词

2.2.1 环境影响评价

环境影响评价(EIA)简称环评,是一项控制环境影响的制度,旨在减少项目开发导致的污染,维护人类健康与生态平衡。环境影响评价就是对所有新建设的工程可能对环境产生的不利影响和需要采取的措施,预先进行评估,征求工程所在地居民和地方政府的意见,对原计划进行修改,直到取得一致意见再开始建设。环境影响评价是一种导向性的评价,各个国家对环境影响评价的格式和规范有不同的要求。环境影响评价可能会极大地影响工程设计、投资和开工日期,但可以将工程对环境的不利影响预先降低到最小,降低以后的污染治理费用。

依据《中华人民共和国环境影响评价法》,环境影响评价是指对规划和建设项目实施后可能造成的环境影响进行分析、预测和评估,提出预防或者减轻不良环境影响的对策和措施,进行跟踪监测的方法和制度。

2.2.2 环境健康影响评价

WHO在20世纪80年代提出环境健康影响评价(EHIA)的概念,在环境影响评价过程中加入健康评估的内容。WHO认为,评价内容必须做到:发展政策和建设项目或产品对人群健康及安全应有恰当的评价;鼓励环境科学专业人员和公共卫生专业人员之间的协作;环境健康问题要有公共讯息和公众参与。

环境健康影响评价在环境影响评价中的含义,随着环境影响评价的对象及其自然、社会环境的不同而异。并非所有的环境影响评价必须包括健康影响评价,但需要强调,所有的初步设计必须审查该发展政策或建设项目是否会对健康有影响。

EHIA是预测、分析和评估由规划和建设项目实施后可能造成的环境质量变化而带来的人群健康影响及其安全性。首先应筛选主要污染物和确定污染范围,并掌握项目实施前人群健康状况,计算、预测项目实施后的环境质量变化及可能对人群健康造成的影响。基本方法有专家预测法、趋势外推法和类比法等。

2.2.3 社会影响评价

社会影响评价(SIA)是对于政策、项目、事件、活动等所产生的社会方面的影响、后果,进行事前的与事后的分析评估的一种技术手段。社会影响评价是具体应用于政策或项目的社会科学研究方法,目的在于理解社会生活的状况、原因和结果。它通过运用社会科学的知识和方法,来分析政策或项目可能带来的社会变化、影响和结果,并提供相关知识或者对策,以降低负面影响和实现有效管理。

2.2.4 公共政策评价

公共政策评价(public policy assessment, PPA)是指特定的评价主体根据一定的标准和程序,通过考察政策过程的各个阶段、各个环节,对政策的效果、效能及价值所进行的检测、评价和判断。其目的在于取得相关方面的信息,作为决定政策变化、政策改进和制定新政策的依据。公共政策评价贯穿于整个政策过程中,根据其在政策过程所处的阶段来看,可分为事前(预测性)评估、执行(过程)评估和事后(效果)评估。公共政策评价也可根据政策影响领域进行划分,如经济影响评价、社会影响评价、环境影响评价、健康影响评价、健康公平影响评价等。

2.2.5 可行性研究

可行性研究(feasibility study)是指在调查的基础上,通过市场分析、技术分析、财务分析和国民经济分析,对各种投资项目的技术可行性与经济合理性进行综合评价,是在项目建议书被批准后,对项目在技术上和经济上是否可行所进行的科学分析和论证。

可行性研究不仅应用于建设项目,还可应用于科学技术和工业发展的各个阶段和各个方面,如工业发展规划、新技术的开发、产品更新换代、企业技术改造等工作的前期,都可应用可行性研究。

建设项目的可行性研究是在投资决策前,运用多学科手段综合论证一个工程项目在技术上是否现实、实用和可靠,在财物上是否盈利;做出环境影响、社会效益和经济效益的分析和评价,及工程抗风险能力等的结论,为投资决策提供科学依据。可行性研究还能为银行贷款、合作者签约、工程设计等提供依据和基础资料,它是决策科学化的必要步骤和手段。

2.2.6 可行性研究报告

可行性研究报告是从事一种经济(投资)活动之前,双方要从经济、技术、生产、供销直到社会环境、法律等各种因素进行具体调查、研究、分析,确定有利和不利的因素,项目是否可行,估计成功率大小、经济效益和社会影响,为决策者和主管机关审批所提供的文件。

可行性研究报告是在可行性研究基础上,综合论证项目建设的必要性、财务的盈利性、经济上的合理性、技术上的先进性和适应性以及建设条件的可能性和可行性,从而为投资决策提供科学依据。

可行性研究报告分为政府审批核准用可行性研究报告和融资用可行性研究报告。审批核准用的可行性研究报告侧重关注项目的社会经济效益和影响;融资用报告侧重关注项目在经济上是否可行。具体又可细分为:用于企业融资、对外招商合作的可行性研究报告;用于国家和地区发展和改革委员会立项的可行性研究报告;用于银行贷款的可行性研究报告;用于申请进口设备免税的可行性研究报告;用于境外投资项目核准的可行性研究报告。

用于国家和地方发展和改革委员会(以下简称"发改委")立项的可行性研究报告,是根据《中华人民共和国行政许可法》和《国务院对确需保留的行政审批项目设定行政许可的决定》而编写,是大型基础设施项目立项的基础文件。发改委根据可行性研究报告进行核准、备案或批复,决定某个项目是否实施。

可行性研究报告一般应说明以下内容:投资必要性、技术可行性、财务可行性、组织可行性(项目实施保障)、经济可行性(从资源配置的角度衡量项目在实现区域经济发展目标、有效配置经济资源、增加供应、创造就业、改善环境、提高人民生活质量等方面的效益)、社会可行性(项目对社会的影响,包括政治体制、方针政策、经济结构、法律道德、宗教民族、妇女儿童及社会稳定性等)、风险因素及对策(项目的市场、技术、财务、组织、法律、经济及社会风险等因素)。

可行性研究报告的基本框架如下:

(1) 项目总论:作为报告的首要部分,综合叙述研究报告中各部分的主要问题和研究结论,并对项目的可行与否提出最终建议,为可行性研究的审批提供方便。

(2) 项目背景:主要应说明项目发起的背景、投资的必要性、投资理由及项目开展的支撑性条件等。

(3) 项目任务与规模。

(4) 项目方案。

(5) 土建总体规划。

(6) 环保、节能和安全:环境保护和水土保持、社会稳定评价、劳动安全与职业卫生、消防安全、节约与合理利用能源。

(7) 项目组织设计。

(8) 工程管理设计。

(9) 不确定性分析:在对建设项目进行评价时,所采用的数据多数来自预测和估算。由于资料和信息的有限性,将来的实际情况可能与此有出入,这会对项目投资决策带来风险。为避免或尽可能减少风险,就要分析不确定性因素对项目各项指标的影响,以确定项目的可靠性,这就是不确定性分析。

(10) 效益评价。

(11) 风险分析及风险防控。

(12) 可行性研究结论及建议。

(13) 附件。

2.2.7 规范性文件的合法性审核

根据国务院办公厅《关于全面推行行政规范性文件合法性审核机制的指导意见》(国办发〔2018〕115号),制定行政规范性文件(简称规范性文件)是行政机关或者经法律、法规授权的具有管理公共事务职能的组织(统称行政机关)依法履行职能的重要方式。对规范性文件进行合法性审核是确保行政机关出台的规范性文件合法有效的重要措施。规范性文件合法性审核的范围:凡涉及公民、法人和其他组织权利义务的规范性文件,均要纳入合法性审核范围,确保实现全覆盖,做到应审必审。行政机关内部执行的管理规范、工作制度、机构编制、会议纪要、工作方案、请示报告及表彰奖惩、人事任免等文件,不纳入规范性文件合法性审核范围。

规范性文件合法性审核的内容主要包括:制定主体是否合法;是否超越制定机关法定职权;内容是否符合宪法、法律、法规、规章和国家政策规定;是否违法设立行政许可、行政处罚、行政强制、行政征收、行政收费等事项;是否存在没有法律、法规依据作出减损公民、法人和其他组织合法权益或者增加其义务的情形;是否存在没有法律、法规依据作出增加本单位权力或者减少本单位法定职责的情形;是否违反规范性文件制定程序。

2.3 政策、规划相关名词

2.3.1 公共政策(政策)

公共政策(public policy)是国家(政府)、执政党及其他政治团体在特定时期为实现一定的社会政治、经济和文化目标所采取的政治行动或所规定的行为准则,它是一系列谋略、法令、措施、办法、方法、条例的总称。

公共政策的内涵包括:

(1) 由特定的主体,即国家或政府、执政党及其他政治团体所制定及执行,体现了主体的意志,它与个人、企业等所作出的决定不同,具有法定的权威性。

(2) 具有特定的价值取向,要实现特定目标或目的,具有明确的方向性。同时政策在特定的历史时期内起作用,具有时效性。

(3) 表现为一系列行为所构成的行动过程，是政府为解决特定社会问题以及调整相关利益关系而采取的政治行动过程。

(4) 是一种行为准则或行为规范。政策总有具体的作用对象或客体，它规定对象应做什么和不应做什么；规定哪些行为受鼓励、哪些行为被禁止。政策规定常带有强制性，它必须为政策对象所遵守。

公共政策的基本含义是：①公共政策是由政府或其他权威人士所制定的计划、规划或所采取的行动；②公共政策不只是一种孤立的决定，而且是由一系列的活动所构成的过程；③公共政策具有明确的目的、目标或方向，并以一定的价值观作为基础；④公共政策是对全社会的有价值之物所做的权威性分配，即涉及人们的利益关系。

2.3.2 规范性文件

规范性文件(nor mative documents)是各级机关、团体、组织制发的各类文件中最主要的一类，因其内容具有约束和规范人们行为的性质，故称为规范性文件。规范性文件包括条例、规定、通告、办法、决定五种。

对于规范性文件的理解，通常分为广义和狭义两种情况：

(1) 广义上，一般是指属于法律范畴(即宪法、法律、行政法规、地方性法规、自治条例、单行条例、国务院部门规章和地方政府规章)的立法性文件和除此以外的由国家机关和其他团体、组织制定的具有约束力的非立法性文件的总和。

(2) 狭义上，一般是指法律范畴以外的其他具有约束力的非立法性文件。其制定主体非常之多，例如各级党组织、各级人民政府及其所属工作部门、人民团体、社团组织、企事业单位、法院、检察院等。

基于狭义理解，规范性文件是指除政府规章外，行政机关及法律、法规授权的具有管理公共事务职能的组织，在法定职权范围内依照法定程序制定并公开发布的针对不特定的多数人和特定事项，涉及或者影响公民、法人或者其他组织权利义务，在本行政区域或其管理范围内具有普遍约束力，在一定时间内相对稳定、能够反复适用的行政措施、决定、命令等行政规范文件的总称。通俗理解：规范性文件就是由行政机关发布的对某一领域范围内具有普遍约束力的准立法行为。

根据国务院办公厅《关于加强行政规范性文件制定和监督管理工作的通知》(国办发〔2018〕37号)，行政规范性文件是除国务院的行政法规、决定、命令以及部门规章和地方政府规章外，由行政机关或者经法律、法规授权的具有管理公共事务职能的组织(以下统称行政机关)依照法定权限、程序制定并公开发布，涉及公民、法人和其他组织权利义务，具有普遍约束力，在一定期限内反复适用的公文。制发行政规范性文件是行政机关依法履行职能的重要方式，直接关系群众切身利益，事关政府形象。

根据《中华人民共和国立法法》，我国的各级国家权力机关(人大及其常委会)制定的是法律和地方性法规，国务院制定全国性的行政法规，国务院部委制定部门规章，各省市自治区政府制定地方性规章。除以上外，各级政府及其部门均可依法制定规范性文件(有时政府省部一级也会制定规范性文件，人大无权制定规范性文件，但有权审查)。在区别法律法规与规范性文件时，可以通过看制定机关来确定，如《×× 省卫生防疫条例》系由省人大制定属地方性法规，《×× 省人民政府关于 ×× 的暂行办法》是由省级政府制定的规范性文件，《中华人民共和国 ×× 部关于 ×× 办法》属部委规章，《×× 市城市卫生暂行规定》是地方政府的规范性文件。

与规范性文件相对应的是非规范性文件，它是指国家机关在其权限范围内发布的只对个别人或个别事有效而不包含具有普遍约束力的行为规范的文件。如判决书、任免令、逮捕证、公证书、结婚证书等。非规范性文件是适用法律所产生的文件，不是法的渊源。

2.3.3　会签

会签(countersign)是指联合发文后，由各发文机关的领导共同签署的文件。《国家行政机关公文处理办法》规定"拟制公文，对涉及其他部门职权范围内的事项，主办部门应当主动与有关部门协商，取得一致意见后方可行文"。

会签是撰拟公文的过程中，主办单位主动与有关单位协商并核签的一种办文程序，一般当公文的内容涉及本单位的多个部门或与其他单位有关时，需要进行会签。

会签根据对象的不同分为内部会签和外部会签两种形式。内部会签用于与本单位内部的各有关部门进行协商并核签；外部会签用于与外单位的有关部门进行协商并核签；二者的性质相同，但处理形式不同。

2.3.4　国民经济和社会发展规划

1982年，国家计划委员会(现为国家发展改革委员会)规定，把国民经济计划改为国民经济和社会发展计划(plan for national economic and social development)，既包括国民经济发展计划，也包括科学技术和社会发展计划。

国民经济和社会发展规划是全国或者某一地区经济、社会发展的总体纲要，是具有战略意义的指导性文件。国民经济和社会发展规划统筹安排和指导全国或某一地区的社会、经济、文化建设工作。

(1) 国民经济和社会发展规划的三级三类规划管理体系：①按行政层级，分为国家级规划、省(区、市)级规划、市县级规划；②按对象和功能类别，分为总体规划、专项规划、区域规划。

国家总体规划和省(区、市)级、市县级总体规划分别由同级人民政府组织编制，并由同级人民政府发展改革部门会同有关部门负责起草；专项规划由各级人民政府有关部门组织编制；跨省(区、市)的区域规划，由国务院发展改革部门组织国务院有关部门和区域内省(区、市)人民政府有关部门编制。

(2) 总体规划、专项规划和区域规划的定位

1) 总体规划是国民经济和社会发展的战略性、纲领性、综合性规划，是编制本级和下级专项规划、区域规划以及制定有关政策和年度计划的依据，其他规划要符合总体规划的要求。

2) 专项规划是以国民经济和社会发展特定领域为对象编制的规划，是总体规划在特定领域的细化，也是政府指导该领域发展以及审批、核准重大项目，安排政府投资和财政支出预算，制定特定领域相关政策的依据。

3) 区域规划是以跨行政区的特定区域国民经济和社会发展为对象编制的规划，是总体规划在特定区域的细化和落实。跨省(区、市)的区域规划是编制区域内省(区、市)级总体规划、专项规划的依据。

国家总体规划、省(区、市)级总体规划和区域规划的规划期一般为5年，可以展望到10年以上。市县级总体规划和各类专项规划的规划期可根据需要确定。

(3) 国家级专项规划的领域：国家级专项规划原则上限于关系国民经济和社会发展大

局、需要国务院审批和核准重大项目以及安排国家投资数额较大的领域。

主要包括：农业、水利、能源、交通、通信等方面的基础设施建设，土地、水、海洋、煤炭、石油、天然气等重要资源的开发保护，生态建设、环境保护、防灾减灾，科技、教育、文化、卫生、社会保障、国防建设等公共事业和公共服务，需要政府扶持或者调控的产业，国家总体规划确定的重大战略任务和重大工程，以及法律、行政法规规定和国务院要求的其他领域。

(4) 国家级区域规划的范围：国家对经济社会发展联系紧密的地区、有较强辐射能力和带动作用的特大城市为依托的城市群地区、国家总体规划确定的重点开发或保护区域等，编制跨省(区、市)的区域规划。

其主要内容包括：对人口、经济增长、资源环境承载能力进行预测和分析，对区域内各类经济社会发展功能区进行划分，提出规划实施的保障措施等。

2.3.5 工程项目

工程项目(engineering project)是以工程建设为载体的项目，是作为被管理对象的一次性工程建设任务。它以建筑物或构筑物为目标产出物，需要支付一定的费用、按照一定的程序、在一定的时间内完成，并应符合质量要求。

根据不同的划分标准，工程项目可分为不同的类型。

(1) 生产性工程项目和非生产性工程项目：生产性工程项目是指形成物质产品生产能力的工程项目，例如工业、农业、交通运输、建筑业、邮电通信等产业部门的工程项目；非生产性工程项目是指不形成物质产品生产能力的工程项目，例如公用事业、文化教育、卫生体育、科学研究、社会福利事业、金融保险等部门的工程项目。

(2) 基本建设工程项目(简称建设项目)、设备更新和技术改造工程项目：基本建设工程项目是指以扩大生产能力或新增工程效益为主要目的新建、扩建工程及有关方面的工作。建设项目一般在一个或几个建设场地上，并在同一总体设计或初步设计范围内，由一个或几个有内在联系的单项工程所组成，经济上实行统一核算，行政上有独立的组织形式，实行统一管理。通常是以企业、事业、行政单位或独立工程作为一个建设单位。更新改造项目是指对原有设施进行固定资产更新和技术改造相应配套的工程以及有关工作。更新改造项目一般以提高现有固定资产的生产效率为目的，土建工程量的投资占整个项目投资的比重按现行管理规定应在30%以下。

(3) 新建、扩建、改建、恢复和迁建项目：新建项目一般是指为经济、科学技术和社会发展而进行的平地起家的投资项目。有的单位原有基础很小，经过建设后其新增的固定资产的价值超过原有固定资产价值3倍以上的也算新建。扩建项目一般是指为扩大生产能力或新增效益而增建的分厂、主要车间、矿井、铁路干线、码头泊位等工程项目。改建项目一般是指因技术进步，提高产品质量，增加花色品种，促进产品升级换代，降低消耗和成本，加强资源综合利用、三废治理和劳动安全等，采用新技术、新工艺、新设备、新材料等对现有工艺条件进行技术改造和更新的项目。迁建工程项目一般是指为改变生产力布局而将企业或事业单位搬迁到其他地点建设的项目。恢复项目一般是指因遭受各种灾害而使原有固定资产全部或部分报废，以后又恢复建设的项目。

(4) 大、中、小型项目：大型项目、中型项目和小型项目是按项目的建设总规模或总投资额来划分的。生产单一产品的工业项目按产品的设计能力划分；生产多种产品的工业项目按其主要产品的设计能力来划分；生产品种繁多、难以按生产能力划分的按投资额划分。划分标准以国家颁布的《大中小型建设项目划分标准为依据》。

(5) 内资项目、外资项目和中外合资项目：内资项目、外资项目和中外合资项目是以资本金的来源为标准进行划分，其中内资项目是指运用国内资金作为资本金进行投资的工程项目；外资项目是指利用外国资金作为资本金进行投资的工程项目；中外合资项目是指运用国内和外国资金作为资本金进行投资的工程项目。

2.3.6　国土空间规划

依据2019年5月23日《中共中央　国务院关于建立国土空间规划体系并监督实施的若干意见》，国土空间规划是国家空间发展的指南、可持续发展的空间蓝图，是各类开发保护建设活动的基本依据。建立国土空间规划体系并监督实施，将主体功能区规划、土地利用规划、城乡规划等空间规划融合为统一的国土空间规划，实现"多规合一"，强化国土空间规划对各专项规划的指导约束作用，是党中央、国务院作出的重大部署。

国土空间规划(territorial spatial planning)是对一定区域国土空间开发保护在空间和时间上作出的安排，包括总体规划、详细规划和相关专项规划。

国家、省、市县编制国土空间总体规划，各地结合实际编制乡镇国土空间规划。相关专项规划是指在特定区域(流域)、特定领域，为体现特定功能，对空间开发保护利用作出的专门安排，是涉及空间利用的专项规划。国土空间总体规划是详细规划的依据、相关专项规划的基础；相关专项规划要相互协同，并与详细规划做好衔接。

2.3.7　国土空间规划体系的"五级三类四体系"

2019年5月23日《中共中央　国务院关于建立国土空间规划体系并监督实施的若干意见》的发布，标志着国土空间规划体系顶层设计和"四梁八柱"基本形成。

国土空间规划"四梁八柱"的构建是按照国家空间治理现代化的要求来进行的系统性、整体性、重构性构建，可以把它简单归纳为"五级三类四体系"。

"五级"是从纵向看，对应我国的行政管理体系，分五个层级——国家级、省级、市级、县级、乡镇级。其中国家级规划侧重战略性，省级规划侧重协调性，市县级和乡镇级规划侧重实施性。

"三类"是指规划的类型，分为总体规划、详细规划、相关的专项规划。

总体规划强调规划的综合性，是对一定区域，如行政区全域范围涉及的国土空间保护、开发、利用、修复做全局性的安排。详细规划强调实施性，一般是在市县以下组织编制，是对具体地块用途和开发强度等作出的实施性安排。详细规划是开展国土空间开发保护活动，包括实施国土空间用途管制、核发城乡建设项目规划许可，进行各项建设的法定依据。相关的专项规划强调的是专门性，一般是由自然资源部门或者相关部门来组织编制，可在国家级、省级和市县级层面进行编制，特别是对特定的区域或者流域，为体现特定功能对空间开发保护利用作出的专门性安排。

"四体系"是从规划运行方面来看，按照规划流程分为规划编制审批体系、规划实施监督体系；从支撑规划运行角度有两个技术性体系，一是法规政策体系，二是技术标准体系。这四个子体系共同构成国土空间规划体系。

2.3.8　城镇开发边界

城镇开发边界(urban development boundary)是在国土空间规划中划定的，一定时期内因城镇发展需要，可以集中进行城镇开发建设，完善城镇功能、提升空间品质的区域边界，涉及城市、建制镇以及各类开发区等。城镇开发边界兼有控制城市扩张、促进城市转型发展、塑造美丽国土空间的综合作用，城镇开发边界内分为三个区域（图 1-3）。

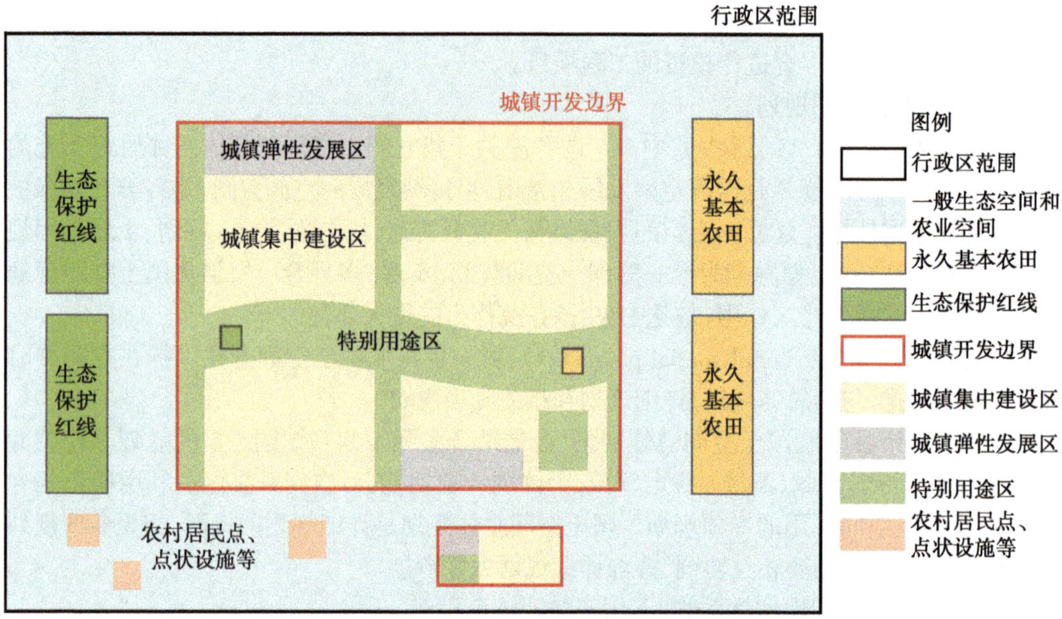

图 1-3　城镇开发边界空间关系示意图

（1）城镇集中建设区：根据规划城镇建设用地规模，为满足城镇居民生产生活需要，划定的一定时期内允许开展城镇开发和集中建设的地域空间。

（2）城镇弹性发展区：为应对城镇发展的不确定性，在城镇集中建设区外划定的，在满足特定条件下方可进行城镇开发和集中建设的地域空间。

（3）特别用途区：为完善城镇功能，提升人居环境品质，保持城镇开发边界的完整性，根据规划管理需划入开发边界内的重点地区。

2.3.9　单元规划

在大城市和特大城市，根据本地实际情况，将城市建设地区划分成若干规划控制单元，编制单元规划（unit plan），以落实城市总体规划的要求，统筹地区内人口和开发强度分布以及各项公共设施、基础设施的配置，为控制性详细规划对具体地块的控制提供依据。

2.3.10　控制性详细规划

控制性详细规划（regulatory detailed plan）是指以总体规划为依据，对特定地区内的用地进行地块划分，并提出具体土地使用性质、使用强度、公共服务设施配套、道路交通和工程管线以及空间环境控制的规划控制要求的过程及其成果。

2.3.11　邻避设施和邻避主义

邻避设施（not-in-my-back-yard facility，NIMBY facility）是指一些对于社会运行必不可少，但又容易引发当地居民、组织或机构担心对身体健康、环境质量和资产价值等带来负面影响并进而引发社会矛盾的公共设施。如垃圾回收站、垃圾填埋场、核电厂、殡仪馆等。

“邻避”是“not-in-my-back-yard”的缩写 NIMBY 的音译,原意为不要建在我家后院。邻避主义(NIMBYism)是指居民或当地单位因担心建设项目(如垃圾场、核电厂、殡仪馆等邻避设施)对身体健康、环境质量和资产价值等带来诸多负面影响,而采取集体反对甚至抗争的行为和态度。

(提供整理 徐水洋 张 萌 蒋希冀 杨 青 杨雅文;
审 核 杜 强 林 苗 钱 玲 卢 永)

主要参考文献

[1] 中国共产党中央委员会,中华人民共和国国务院.“健康中国 2030”规划纲要[R/OL].(2016-10-25)[2021-10-28].
http://www.gov.cn/xinwen/2016-10/25/content_5124174.htm.

[2] 中国共产党中央委员会,中华人民共和国国务院.关于建立国土空间规划体系并监督实施的若干意见[EB/OL].(2019-05-23)[2021-08-12].
http://www.gov.cn/zhengce/2019-05/23/content_5394187.htm.

[3] 第十三届全国人民代表大会常务委员会第十五次会议.中华人民共和国基本医疗卫生与健康促进法[R/OL].(2019-11-29)[2021-10-28].
http://www.gov.cn/xinwen/2019-12/29/content_5464861.htm.

[4] 第十届全国人民代表大会常务委员会.中华人民共和国城乡规划法(2019 修正)[EB/OL].(2019-04-23)[2021-08-26].
https://www.mee.gov.cn/ywgz/fgbz/fl/201906/t20190605_705768.shtml.

[5] 第七届全国人民代表大会常务委员会.中华人民共和国环境保护法[EB/OL].(2014-04-25)[2021-08-26].
http://zwfw.mee.gov.cn/ecdomain/#/commonPage_4.

[6] 中华人民共和国国务院办公厅.国务院办公厅关于加强行政规范性文件制定和监督管理工作的通知(国办发〔2018〕37 号)[EB/OL].(2018-05-31)[2021-08-26].
http://www.gov.cn/zhengce/content/2018-05/31/content_5295071.htm.

[7] 中华人民共和国国务院办公厅.国务院办公厅关于全面推行行政规范性文件合法性审核机制的指导意见(国办发〔2018〕115 号)[EB/OL].(2018-12-20)[2021-08-26].
http://www.gov.cn/zhengce/content/2018-12/20/content_5350427.htm.

[8] 中华人民共和国国务院办公厅.《国家行政机关公文处理办法》(国办发〔2000〕23 号)[EB/OL].(2000-08-24)[2021-08-26].
http://www.gov.cn/gongbao/content/2000/content_60454.htm.

[9] 中华人民共和国住房和城乡建设部.关于培育发展工程总承包和工程项目管理企业的指导意见(建市[2003]30 号)[EB/OL].(2003-02-13)[2021-08-26].
http://www.mohurd.gov.cn/wjfb/200611/t20061101_158614.html.

[10] 中华人民共和国自然资源部办公厅.自然资源部办公厅关于印发《市级国土空间总体规划编制指南(试行)》的通知[EB/OL].(2020-09-22)[2021-08-26].
http://gi.mnr.gov.cn/202009/t20200924_2561550.html.

[11] 全国科学技术名词审定委员会.《城乡规划学名词》[S].北京:科学出版社,2021.

[12] 中国健康教育中心.健康影响评价理论与实践研究[M].北京:中国环境出版集团,2019.

[13] 中国健康教育中心 . 健康影响评价实施操作手册(2019 版)[M]. 北京:人民卫生出版社,2020.

[14] BAUM F. The New Public Health [M]. Oxford, United Kingdom: Oxford University Press, 2008.

[15] BAUM F, LAWLESS A, DELANY T, et al. Health in All Policies from International Ideas to Local Implementation: Policies, Systems and Organizations [M]// CLAVIER C, LEEUW E D. Health Promotion and the Policy Process: Practical and Critical Theories. Oxford, United Kingdom: Oxford University Press, 2013.

[16] BHATIA R. Health Impact Assessment: A Guide for Practice [R]. Oakland, CA: Human Impact Partners, 2011:9-49.

[17] BIRLEY M. 健康影响评价理论与实践[M]. 徐鹤,李天威,王嘉炜,译 . 北京:中国环境出版社,2017.

[18] BRAVEMAN P, TARIMO E, CREESE A, et al. Equity in health and health care: a WHO/SIDA initiative [J]. Geneva Switzerland World Health Organization Division of Analysis Research & Assessment, 1996.

[19] CARR-HILL RA. Efficiency and equity implications of the health care reforms [J]. Social Science & Medicine, 1994,39(9):1189-1201.

[20] 陈振明 . 公共政策学:政策分析的理论、方法和技术[M]. 北京:中国人民大学出版社,2004.

[21] Doorslaer E V, WAGSTAFF A. Equity in the delivery of health care:Some internatiomal comparisons [J]. Journal of Health Economics, 1992 Dec,11(4):389-411.

[22] FIELD A. Integrating Health Impact Assessment in Urban Design and Planning: The Manukau Experience [R]. Wellington, New Zealand: the Ministry of Health, 2011.

[23] 高荷蕊,刘民,梁万年,等 .2008 年奥运会对北京城市健康环境影响的阶段性评估[J]. 首都公共卫生, 2007,1(2):58-64.

[24] 高志民 .《关于建立国土空间规划体系并监督实施的若干意见》正式印发:国土空间规划"四梁八柱"基本形成[EB/OL]. 人民政协网 .(2019-05-30)[2021-08-26]. http://www.rmzxb.com.cn/c/2019-05-30/2354461.shtml.

[25] 胡纹 . 居住区规划原理与设计方法[M]. 北京:中国建筑工业出版社,2010.

[26] International Association for Impact Assessment(IAIA). Health Impact Assessment: International Best Practice Principles [R]. Special Publication Series, 2006(5).

[27] KEMM J. Health Impact Assessment: Past Achievement, Current Understanding, and Future Progress [M]. Oxford, United Kingdom: Oxford University Press, 2013.

[28] KEMM J, PARRY J. The Development of HIA [M]// KEMM J, PARRY J, PALMER S, et al. Health Impact Assessment. Oxford, United Kingdom: Oxford University Press, 2004:15-24.

[29] Leppo K, OLLILA E, Peña S, et al. Health in All Policies:Seizing Opportunities, Implementing Policies [M]. Finland: Ministry of Social Affairs and Health,2013.

[30] 李强,史玲玲 . "社会影响评价"及其在我国的应用[J]. 学术界,2011(5):19-27,245-248.

[31] 刘民,梁万年,傅鸿鹏,等 .2008 年北京奥运会对人群健康影响的评价指标体系[J]. 首都公共卫生, 2007,1(3):108-110.

[32] LOCK K, GABRIJELCIC M, MARTUZZI M, et al. Health Impact Assessment of Agriculture and Food Policies: Lessons Learnt from the Republic of Slovenia [R]. Bulletin of the World Health Organization, 2003, 81(6):391-398.

[33] 马太玲,张江山 . 环境影响评价[M]. 武汉:华中科技大学出版社,2009.

[34] MACINTYRE S. The Black Report and beyond: what are issues? [J]. Social science & medicine, 1997, 44(6):723-745.

[35] Public Health Advisory Committee. A Guide to Health Impact Assessment: A Policy Tool for New Zealand. 2nd ed [R]. Wellington: New Zealand, 2005: 28-76.

[36] Public Health Commission. A Guide to Health Impact Assessment: Guidelines for Public Health Services and Resource Management Agencies and Consent Applicants [R]. 1995.

[37] 钱玲,卢永,李星明,等.国外健康影响评价的研究和实践进展[J].中华健康管理学杂志,2018,12(3):282-287.

[38] 任亚龙.论我国环境影响评价制度[D].南宁:广西师范大学,2013:10-11.

[39] ROSS C L, NIE K, DANNENBERG A L, et al. Health Impact Assessment of the Atlanta BeltLine [J]. American Journal of Preventive Medicine, 2012,42(3):203-213.

[40] The enHealth Council, the National Public Health Partnership. Health Impact Assessment Guidelines [R]. Canberra, Australia: Public Affairs, Parliamentary and Access Branch, Commonwealth Department of Health and Aged Care, 2001.

[41] 汪洋,陈静,龙倩,等.三峡工程对库区人群健康的影响研究[J].西南大学学报(自然科学版),2005,27(4):491-493.

[42] WHITEHEAD M. The concepts and principles of equity and health [J]. International Journal of Health Services, 1992, 22(3):429-445.

[43] Wolf CP. Social Impact Assessment: the state of the art [M]. Springer Netherlands, 1983.

[44] World Health Organization (WHO). Constitution of WHO: Principles [EB/OL]. (1948) [2021-10-20]. https://www.who.int/about/governance/constitution.

[45] World Health Organization (WHO). Declaration of Alma Ata. International Conference on Primary Health Care, Alma ATA, USSR [EB/OL]. (1978) [2021-10-20]. https://www.who.int/publications/i/item/declaration-of-alma-ata.

[46] World Health Organization (WHO). Ottawa Charter for Health Promotion [EB/OL]. (1986) [2021-10-20]. https://www.who.int/publications/i/item/ottawa-charter-for-health-promotion.

[47] World Health Organization (WHO). Adelaide Statement on Healthy Public Policy [EB/OL]. (2017) [2021-10-20]. https://www.who.int/publications/i/item/adelaide-statement-ii-on-health-in-all-policies.

[48] World Health Organization (WHO). Health Impact Assessment: Main Concepts and Suggested Approach: A Gothenburg Consensus Paper [R]. Brussels: WHO Regional Office for Europe, 1999.

[49] World Health Organization (WHO). Health in all policies: Helsinki statement. Framework for country action [R]. Geneva: WHO, 2014. [2021-10-20]. https://www.who.int/publications/i/item/9789241506908.

[50] World Health Organization (WHO). Health Impact Assessment: Examples of HIA [DB/OL]. [2021-10-20]. https://www.who.int/health-topics/health-impact-assessment#tab=tab_1.

[51] World Health Organization (WHO). Health Impact Assessment [EB/OL]. [2021-10-20]. https://www.who.int/health-topics/health-impact-assessment#tab=tab_1.

[52] 吴祖谋,李双元.法学概论[M].13版.北京:法律出版社,2013.

[53] 星一,郭岩.健康公平的研究进展[J].国外医学(医院管理分册),1999,4:160-165.

[54] 夏征农,陈至立.大辞海[M].上海:上海辞书出版社,2009.

第二部分

重要公共政策健康影响评价操作手册

1 重要公共政策健康影响评价的相关概念限定

1.1 重要公共政策

本部分所指重要公共政策，是在《“健康中国 2030”规划纲要》要求的“各项经济社会发展规划和政策”基础上，结合行政规范性文件的定义进行界定，指以县级及以上人民政府名义和县级及以上人民政府所属工作部门名义，依照法定权限、程序制定并公开发布，针对不特定人群和特定事项以及履行公共事务管理职能，涉及公民、法人和其他组织权利义务，在本行政区域或其管理范围内具有普遍约束力，在一定时期内反复适用的公文。针对该类行政规范性文件，必须开展健康影响评价。

县级及以上人民政府内设机构、县级及以上人民政府所属工作部门内设机构发布的公文，以及转发上级政府或部门的文件，不列入本部分讨论范围。

卫生健康部门下发的文件和多部门联合下发的以卫生健康为主题的文件，不再进行健康影响评价。

1.2 公共政策评价

根据评价在政策过程中介入阶段不同，公共政策（或政策）评价可分为事前（预测性）评估、执行（过程）评估和事后（效果）评估。本部分将讨论公共政策的事前评估，即在政策颁布和执行之前对政策未来预测或结果预测，包括对政策实施对象发展趋势、政策可行性以及政策效果的预测评估。

根据政策影响领域，公共政策评价可划分为经济影响评价、社会影响评价、环境影响评价、健康影响评价、健康公平影响评价、合法性审查等。本部分将讨论公共政策的健康影响评价，即评价和判断公共政策对人群健康的潜在影响及影响在人群中的分布状况，从而作为政策制定者决定政策变化（包括政策完善和制定新政策）的依据，实现健康与经济社会良性协调发展。

1.3　重要公共政策健康影响评价的实施步骤

根据 WHO 推荐，公共政策健康影响评价包括筛选、范围界定、评估、报告和监测等 5 个关键技术环节。

《健康影响评价实施操作手册（2019 版）》提出实施公共政策健康影响评价的 9 个步骤：部门初筛、提交登记、组建专家组、筛选、分析评估、报告与建议、提交备案、评估结果使用和监测评估。其中部门初筛、（专家组）筛选、分析评估、报告与建议、监测评估为健康影响评价的技术环节，监测评估环节根据具体评估政策以及地方资源选择性进行。

根据本部分对“重要公共政策”的限定，凡是属于限定范围的政策均需实施健康影响评价，因此其健康影响评价流程略过“部门初筛”步骤，直接进入“提交登记”步骤。

2　重要公共政策健康影响评价的原则

针对重要公共政策的健康影响评价需遵循的原则包括：

(1) 党委领导、政府负责的原则：保障人民健康是各级党政部门的共同责任和重要使命。重要公共政策涉及面广、覆盖全域大部分人群、有效时间长、影响较大，对其开展健康影响评价涉及部门多、政策领域多，必须在同级党委和政府的领导下和制度约束下，才能规范化、制度化推进。

(2) 部门参与、协同配合的原则：在重要公共政策的制定、颁布、实施和修订中，政府各职能部门发挥着主体作用，对政策的导向作用和社会效果负有责任。部门主动申报、积极协同配合、参与评估是推进重要公共政策健康影响评价常态化运作的基础。鼓励社会化运作。

(3) 客观、公正、民主的原则：重要公共政策健康影响评价是针对影响本地人群健康的主要社会决定因素进行，因此在评价中要充分考虑当地政治、经济、文化和人文环境等客观因素，在评价建议上要强调可持续发展性和现实可行性，公开透明、科学严谨地利用不同学科和方法的最佳证据，同时广泛征求和综合考虑利益相关部门和群体的意见。

3　重要公共政策健康影响评价的工作机制

3.1　制定和完善评价各项制度

各级政府要认识到重要公共政策健康影响评价对经济社会发展和提高全民健康水平的重要意义,制定和完善重要公共政策健康影响评价相关制度。如重要公共政策健康影响评价实施管理办法及实施方案、重要公共政策健康影响评价工作定期例会制度、重要公共政策健康影响评价财政保障制度和重要公共政策健康影响评价工作绩效考核办法等,夯实重要公共政策健康影响评价的主体责任,规范健康影响评价的内容、标准、方式和流程等。明确各相关部门、评价主体机构的权力和职责,建立健全考核机制,从而推进重要公共政策健康影响评价在本地实施。

各级政府可探索将重要公共政策健康影响评价纳入"公文处理办法"和规范性文件合法性审核机制之中。必要情况下,可出台实施重要公共政策健康影响评价的地方性法规,有效保障重要公共政策健康影响评价工作的严肃性和权威性。

为加强重要公共政策健康影响评价工作的独立性和规范性,可邀请本级人大、政协组织视察监督,以争取各方面的支持,加快健康影响评估制度化、常态化建设。

譬如,2018 年宜昌市人民政府办公室印发《宜昌市公共政策健康影响评价实施方案(试行)》,根据宜昌市具体情况,对 2018—2020 年纳入健康影响评价的政策范围、实施主体、实施方法及评价结果应用进行了规定。

2019 年杭州市人民政府办公厅印发《杭州市公共政策健康影响评价试点实施方案(试行)》,确定了 2019—2030 年期间杭州市实施公共政策健康影响评价的目标和计划,对纳入健康影响评价的范围、评价内容进行了限定,明确了评价实施主体、实施程序和评价保障机制包括工作机制、工作网络及责任、激励机制等。

3.2　建立组织管理协调机制和工作网络

3.2.1　建立组织管理协调机制,成立相关机构

各级政府应加强对重要公共政策健康影响评价工作的组织领导,统筹现有健康相关协调机制,如健康中国行动推进委员会、健康(促进)委员会、爱国卫生运动委员会等,负责本行政区域内重要公共政策健康影响评价的推进落实工作。

健康中国行动推进委员会或健康(促进)委员会或爱国卫生运动委员会等下设办公室,为其常设办事机构(简称"委员会办公室"),负责承担本区域重要公共政策健康影响评价具体工作。"委员会办公室"可挂靠同级卫生健康委(局)成立,也可协调现有健康相关机构,如宜昌市、杭州市均依托健康城市建设领导小组办公室(简称市健康办)开展工作。在开展重要公共政策健康影响评价工作中,"委员会办公室"的主要职能和任务包括:①制订健康影响评估制度相关政策文件,提交政府通过并颁布;②组织、协调、监督、考评本区域健康影响评价工作,确保各项制度和措施的落实;③组建健康影响评价专家委员会,持续构建本区域内健康影响评价工作网络和专家委员会的交流和能力建设;④负责受理本区域内重要公

共政策健康影响评价的备案登记；⑤组织实施相关评价工作。

3.2.2 加强部门协同合作，构建工作网络

健康影响评价工作网络是在党委、政府领导下，由本辖区各政策制定相关部门构成。

各部门要将本部门重要公共政策健康影响评价工作作为一项日常性工作，明确分管领导、指定专职工作人员，负责本部门重要公共政策健康影响评价的协调、实施和管理等相关工作。具体包括收集本部门重要公共政策起草、评价、颁布等环节的信息，与“委员会办公室”对接，完成健康影响评价备案管理；协调本部门重要公共政策健康影响评价的组织实施。

“委员会办公室”组织工作网络定期交流制度，包括年度工作会议，通过信息沟通、资源共享、政策咨询等共享性活动，促进各领域健康影响评价专家间、工作网络成员间的交流，从而推动落实重要公共政策健康影响评估制度。

3.2.3 集合各领域优势资源，组建专家委员会

组建或明确独立的重要公共政策健康影响评价组织既是保证评价结论客观、公正的前提，也是政策评价体系趋于成熟的重要标志之一。

各级政府应当根据本地实际情况推荐遴选专家，组建本级健康影响评价专家委员会（简称专家委员会）或专家库。在本级健康中国行动推进委员会或健康（促进）委员会或爱国卫生运动委员会及“委员会办公室”的统一管理和调配下，为本级政府及所属工作部门提供健康影响评价的技术支持。县（区）政府在组建本级健康影响评价专家委员会存在一定困难的情况下，建议寻求上级支持，共享地（市）级及以上健康影响评价专家队伍。

由于重要公共政策涉及领域广、覆盖面大、有效时间长、影响大，对其开展健康影响评价要涉及多学科、多行业、多领域，是集健康决定因素的筛选、分析、预测和提供改进措施等为一体的综合性技术分析过程，需要具有高度的科学性和严谨性。因此，专家委员会的成员组成应覆盖各行业、各领域以及多个学科，专家来源既包括政府所属工作部门及企事业单位的专业技术人员，也包括来自高等院校、科研机构，在区域与城市规划、建设、环境与资源、产业发展、卫生健康、新闻传播等领域具有较高学术造诣的专家和技术人员。专家委员会的成员构成要“突出卫生健康”，卫生健康领域专家要占到 25%~35%，涵盖卫生管理与政策、公共卫生、临床、康复等方向。专家委员会成员既可包括本地成员，也可纳入外地专家，两者构成比例约为 3：1。专家委员会成员名单由同级政府正式行文公布。

“委员会办公室”每年至少召开一次专家委员会全体会议，必要时，可临时召集部分成员召开会议。因工作需要，可临时特邀在重要公共政策健康影响评价领域具有较高政策和理论水平的其他专家学者或实际工作者，参与专家委员会活动。

纳入专家委员会或专家库的专家，应遵守国家有关法律法规和专家委员会工作规则，保守工作秘密；定期接受健康影响评价相关内容和技术操作程序的专门培训；保障一定时间参加专家委员会的会议和健康影响评价活动；掌握本领域国内外发展动态及趋势，及时向专家委员会提供相关信息和工作建议。

3.2.4 充分利用第三方专业机构，建立评价合作机制

各级政府和部门应充分发挥专业咨询机构和技术支持部门的作用。可根据本地实际情况，与相关专业机构建立健康影响评价合作机制，选择有关高校、科研院所、国家/省/地（市）级卫生健康机构和健康教育专业机构、专业技术团队或符合资质的民营评价机构作为本地健康影响评价工作的技术支持，或委托其开展健康影响评价工作。譬如杭州市健康影响评

价工作采取两种方式运行，由市健康办协调专家委员会开展规范性文件的健康影响评价；委托外部高校专家团队进行空间规划或重大工程项目的健康影响评价。在宜昌市，市健康办则委托市疾病预防控制中心专业团队开展本级重要公共政策健康影响评价工作。

3.3 明确实施主体和职责

各级政府和部门在对重要公共政策进行健康影响评价时要坚持党委领导，政府负责，政策制定相关部门协作实施，全社会共同参与的原则。各级政府是健康影响评估制度实施的责任主体，同级健康中国行动推进委员会或健康（促进）委员会或爱国卫生运动委员会及“委员会办公室”是健康影响评价工作的管理主体，“委员会办公室”和各政策制定相关部门是评价工作的实施主体，健康影响评价专家委员会及卫生健康部门是评价工作的技术支撑主体。

3.3.1 实施主体

以县级及以上人民政府名义发布的行政规范性文件，由本级“委员会办公室”组织实施健康影响评价。必要时，“委员会办公室”可委托相关专业机构进行健康影响评价。

以县级及以上人民政府所属工作部门名义发布的行政规范性文件，由政策制定部门组织实施健康影响评价，并将评价结果及使用情况报同级“委员会办公室”备案。各部门可协调相关专家或机构组织实施健康影响评价，或在必要时，请求本级“委员会办公室”支持。

3.3.2 管理主体

各级健康中国行动推进委员会或健康（促进）委员会或爱国卫生运动委员会及“委员会办公室”是本级重要公共政策健康影响评价工作的管理主体。

健康中国行动推进委员会或健康（促进）委员会或爱国卫生运动委员会等，负责本行政区域内重要公共政策健康影响评价工作的指导和规范，研究重要公共政策健康影响评价实施中的重大问题，共同审议和推动健康影响评价工作。

“委员会办公室”负责承担本区域重要公共政策健康影响评价的具体管理和督导实施工作。

3.3.3 技术支撑主体

各级卫生健康部门及健康影响评价专家委员会是本级重要公共政策健康影响评价工作的技术支撑主体。

在健康影响评估制度建立中，卫生健康部门是倡导者，为政策制定部门开展健康影响评价工作提供行业支撑和技术支持。

健康影响评价专家委员会则受本级“委员会办公室”的委托（指派），按照健康影响评价技术流程，对受理的重要公共政策进行评价，并完成评价报告和提出建议。

3.4 强化监督和激励

3.4.1 逐步健全健康影响评价监督机制

各级党委政府应逐步健全健康影响评价监督机制，加强对本级重要公共政策健康影响评价工作的监督检查。在本级党委政府的领导下，在健康中国行动推进委员会或健康（促进）委员会或爱国卫生运动委员会等的指导下，“委员会办公室”具体负责监督检查工作的开展。

应积极探索建立有效的公众参与机制，让公众参与到健康影响评价过程之中，既保证了重要公共政策制定过程和健康影响评价过程的公开透明,有利于政策的施行,也让公众对政策实施可能造成的健康消极影响进行监督,有利于政策的完善。

3.4.2 建立健康影响评价工作激励机制

为推进健康影响评估制度的建立和落实,加大组织保障力度,提高政府各工作部门主动参与和开展重要公共政策健康影响评价的积极性和工作力度,各级党委政府应结合健康影响评价监督检查建立激励机制,探索把重要公共政策健康影响评价工作纳入政府及部门年度工作目标责任考评指标体系,充分发挥考核的激励约束作用,并将考核激励与问责惩戒相结合。

譬如杭州市将健康影响评价工作作为创新指标纳入健康杭州建设考核工作之中。

建立健康影响评估制度是《中华人民共和国基本医疗卫生与健康促进法》对各级人民政府的明确规定。各级政府可探索将重要公共政策健康影响评价和审核工作纳入合法性审核机制,作为依法行政考核内容,列入法治政府建设考评指标体系。

3.4.3 确保健康影响评价工作的经费保障

健康影响评价工作涉及部门协调配合、人员能力建设、现场调查研究等,需要财政部门的资金保障,以保证各项评价工作的顺利有效进行。各级政府要将重要公共政策健康影响评价经费纳入本级财政预算,专款专用,足额拨付,确保健康影响评价工作所产生的交通费、差旅费、办公费、专家劳务费等各项费用支出。

4　重要公共政策健康影响评价的行政路径

4.1　重要公共政策制定流程

重要公共政策的制定出台过程要涉及政府部门文件会签程序，其流程主要包括起草部门拟文阶段、征求意见阶段、修改完善阶段、合法性审查阶段、部门核签阶段、社会公示阶段和盖章发文阶段(图 2-1)。

拟文阶段	• 起草部门拟写好文件草稿后，送相关部门，协商沟通
征求意见阶段	• 相关部门接到文件草稿后，对涉及本部门的职责进行确认，提出意见
修改完善阶段	• 起草部门在收到相关部门意见后，对草稿进行进一步完善修改
合法性审查阶段	• 司法部门按照相关规定对修改完善的发文稿件进行合法性审查
部门核签阶段	• 起草部门将修改完善的发文稿件送相关部门领导核签
社会公示阶段	• 签章部门将拟发文稿件进行公示，收集群众和社会各界的主要意见和建议
盖章发文阶段	• 印制文件，相关部门盖章，文件生效并发文

图 2-1　重要公共政策制定流程（政府部门规范性文件会签流程）

4.2　重要公共政策健康影响评价的切入路径

由于政府部门文件会签流程比较复杂，核签时间较长，为避免影响文件处理的及时性，健康影响评价工作适时介入重要公共政策制定的办文流程，是提升各部门响应配合的积极性和推进重要公共政策健康影响评价顺利开展的基础。

在重要公共政策制定过程中，健康影响评价的切入路径如下，图 2-2 对照展示了在重要公共政策制定流程各阶段健康影响评价的切入路径。

(1) 拟文阶段：起草部门在完成征求意见稿后，向本级“委员会办公室”提交申请健康影响评价备案。

(2) 征求意见阶段：“委员会办公室”或起草部门组织专家按照重要公共政策健康影响评价实施的技术流程，开展评价，并出具评价报告和书面意见。

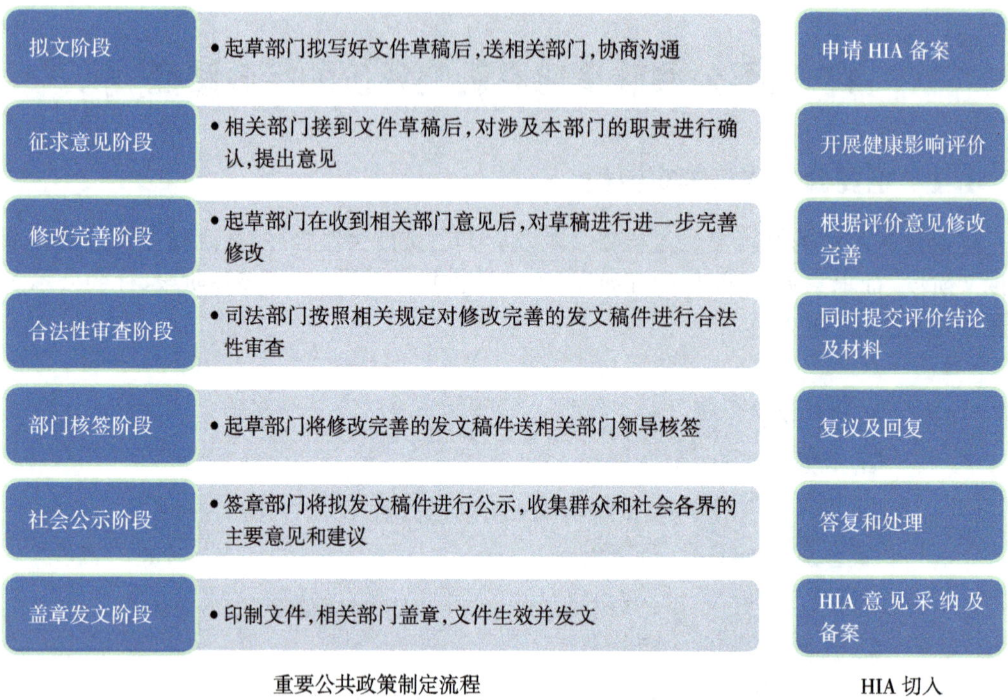

图 2-2　重要公共政策制定流程中健康影响评价（HIA）的切入路径

(3) 修改完善阶段：起草部门根据评价意见和建议，对征求意见稿进行修改完善。

(4) 合法性审查阶段：起草部门将修改完善的发文稿件，送达司法部门进行合法性审查（包括健康影响评价相关结论及采纳情况的资料）。

(5) 部门核签阶段：如果相关部门对涉及的健康问题或评价意见有异议，由该部门向“委员会办公室”申请复议，组织原专家组对相关条款及事项再次进行评价，并出具复议结果及意见。

(6) 社会公示阶段：评价专家组为健康相关意见和建议的答复和处理提供咨询。

(7) 盖章发文阶段：起草部门向“委员会办公室”提交健康影响评价意见采纳情况并备案。

4.3　健康影响评价融入后，重要公共政策的制定流程

如图 2-2 所示，在重要公共政策制定出台过程中，为了不增加文件“扭转”环节，健康影响评价工作应从各个阶段切入，其中评价的主要技术工作在“征求意见阶段”完成。健康影响评价融入后，重要公共政策的制定流程以及各相关部门职责如图 2-3 所示。

环节 1:起草部门

- 征求意见稿成文后,向“委员会办公室”提交 HIA 备案申请
- 同时,送交相关部门

环节 2:“委员会办公室”/起草部门

- 组织 HIA 专家组
- 根据政策发布主体的不同,由“委员会办公室”/起草部门组织实施 HIA,提出意见和建议
- “委员会办公室”向起草部门反馈 HIA 意见和建议

环节 3:相关部门

- 对征求意见稿中,本部门职责进行确认,提出意见

环节 4:起草部门

- 根据“委员会办公室”反馈的 HIA 建议,对征求意见稿修改完善
- 根据相关部门的反馈,对征求意见稿修改完善
- 送达司法部门进行合法性审核,并在通过后送相关部门核签

环节 5:司法部门

- 审核是否进行了 HIA 及 HIA 结论,并反馈意见至起草部门

环节 6:相关部门

- 认可职责任务并采纳有关促进公众健康的意见,核签反馈给起草部门
- 有异议时,向“委员会办公室”申请复审——协调专家组复议并反馈意见

环节 7:起草部门

- 根据相关部门核签意见,完成修订
- 向“委员会办公室”提交 HIA 采纳情况备案
- 印发文件

环节 8:“委员会办公室”

- HIA 采纳情况备案

图 2-3　健康影响评价融入后,重要公共政策的制定流程及部门职责

5 重要公共政策健康影响评价的技术流程

由于本部分主要是针对重要公共政策进行讨论，因此在《健康影响评价实施操作手册(2019版)》提出的公共政策健康影响评价9步骤基础上，略过“部门初筛”环节。重要公共政策健康影响评价的实施过程分为：提交登记、组建专家组、筛选、分析评估、出具评价报告、评价结果备案、评价结果使用和监测评估8个阶段，如图2-4所示。其中(重要公共政策的)提交登记、组建专家组、评价结果备案及评价结果使用属于健康影响评价的管理环节。筛选、分析评估、出具评价报告(建议)、监测评估为健康影响评价的技术环节，监测评估环节可以根据具体评估政策以及地方资源选择性进行。

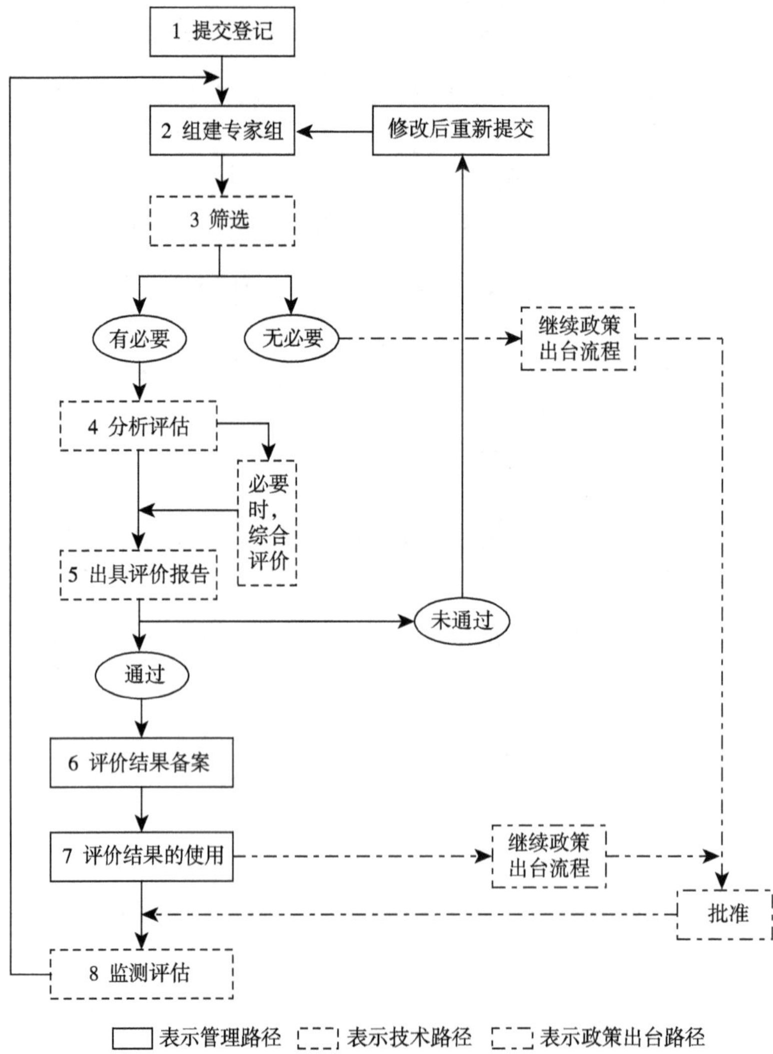

图2-4 重要公共政策健康影响评价实施流程图

5.1　提交登记

各级人民政府拟定的行政规范性文件,由文件起草部门提交本级健康中国行动推进委员会或健康(促进)委员会或爱国卫生运动委员会下设办公室(简称“委员会办公室”)进行备案登记(表 2-1),并由本级“委员会办公室”组织实施健康影响评价。

各级人民政府所属工作部门拟定的行政规范性文件,由文件起草部门自行组织实施健康影响评价,并向同级“委员会办公室”备案(表 2-1)。

针对重大规划、重大工程项目文本,参照行政规范性文件的上述分类,依据是由政府主持或是由政府所属工作部门主持,分别进行备案登记。

其目的在于掌握各部门拟定重要公共政策的数量和方向,同时引导各部门具有健康影响评价的理念,在起草文件之初就将健康影响评价纳入考虑。

5.2　组建专家组

健康影响评价实施主体(“委员会办公室”或文件起草部门),根据起草文件所涉及领域,从健康影响评价专家委员会中遴选相关领域专家,组建健康影响评价专家组。由专家组按照健康影响评价技术流程完成后续评估工作。专家组在开展评估工作之前,应熟悉健康影响评价实施流程(图 2-4),以及健康决定因素清单(示例)(表 2-2)。

为充分发挥不同领域专家的学科优势,保证健康影响评价结果的客观、公正、科学,可采用“(2+X)模式”来组建专家组,其中“2”为卫生健康领域和法律法规领域专家,“X”为根据拟定政策所选择的相关领域的学科专家。专家组人数以“奇数”定员,原则上不少于 5 人,根据实际情况确定。对于经济和社会发展综合规划,由于涉及领域广泛,可以采用核心专家组和分领域专家组相结合形式,也可以采用若干专家组先分散再集中的形式。

必要的情况下,选择可能受所拟定重要公共政策影响的人群代表参加阶段性的讨论。

5.3　筛选

专家组和可能受拟定政策影响的人群代表,参考健康决定因素清单(示例)(表 2-2)和健康影响评价筛选清单(表 2-3),对拟定政策是否对健康产生影响、影响范围、影响严重程度以及拟定政策是否为社会关注焦点等方面进行快速评估,决定是否有必要做进一步的分析评估。

筛选可通过小组会议、专家咨(函)询等形式进行。

筛选的结论可分为两种:①没有必要实施进一步的分析评估。此情况下,完成筛选意见汇总表(表 2-4)并提交备案,反馈文件起草部门,按照政策出台流程继续。②有必要实施进一步的分析评估。完成筛选意见汇总表(表 2-4),进入下一步:分析评估。

5.4　分析评估

通过分析评估,确定拟定政策所涉及的健康决定因素,预估其可能产生的健康影响,并提出政策优化建议。具体内容如下:

(1) 拟定政策涉及的健康决定因素有哪些,相关科学证据[可参考表 2-2:健康决定因素清单(示例)];

(2) 拟定政策潜在健康影响的人群是哪些，这些人群当前健康现状如何，拟定政策的潜在健康影响表现形式有哪些，严重程度如何(参见表 2-5：人群常见分类参考)；

(3) 拟定政策对社会弱势群体会产生什么影响，或在未来政策实施过程中，是否会造成新的弱势群体的产生(参见表 2-5 中弱势群体相关定义)；

(4) 针对上述健康影响，政策优化建议有哪些。

在分析评估阶段，健康影响评价专家组可通过文献检索、利益相关者访谈、抽样调查、或既有大数据 / 专项监测数据获取等形式收集政策制定背景、拟定政策相关资料、相关行业标准及规范以及可能涉及人群的现状资料，了解拟定政策所涉及领域的现状信息、利益相关者健康现状和主要诉求等。

结合上述途径获得的资料，专家组逐条阅读拟定政策条款，参考健康决定因素清单(示例)(表 2-2)，识别拟定政策涉及的健康决定因素以及可能涉及的行业部门，预估和描述拟定政策所产生的健康影响，从维护和促进人群健康的角度确定政策实施的可行性、给出评价结论和提出优化建议。

分析评估过程可采用专家先单独作业、再集中讨论的形式进行；也可以采用专家组集中讨论形式完成全过程。分析评估环节最后形成的意见，由专家组填入健康影响评价分析评估表(表 2-6)。

在此依据前一种形式，细分具体步骤如下：

(1) 梳理政策条款，识别健康决定因素：健康影响评价专家组专家结合健康决定因素清单(示例)(表 2-2)，对政策条款进行逐条阅读，判定各条款所对应的健康决定因素以及可能涉及的行业部门，填入表 2-6(个人意见)第 2~3 列。此步为专家单独作业。

表 2-2 给出了公共政策所涉及的主要领域和可改变的主要健康决定因素示例。各地在实际运用中，可以从此表出发，确定适用于拟定政策的健康决定因素清单。

(2) 预估健康决定因素所产生的潜在健康影响：健康影响评价专家组专家根据所识别的健康决定因素，基于所提供资料，预估和描述该因素所可能造成的健康影响，包括受影响人群(含弱势群体)的特征、影响范围及严重程度等信息，结果填入表 2-6(个人意见)第 4~5 列。此步为专家单独作业。

(3) 拟定修改建议(理由)：健康影响评价专家组专家结合政策条款对应的健康决定因素和潜在的健康影响，对拟修改的政策条款，提出修改建议，填入表 2-6(个人意见)第 6 列。此步为专家单独作业。

(4) 汇总并形成专家组对拟定政策的修改建议：此步为集中讨论形式。健康影响评价专家组组长对各专家意见进行汇总，并引导专家组进一步对表 2-6(个人意见)所涉及内容进行集中梳理和讨论，对拟定政策的健康影响评价结果，形成专家组意见，填入表 2-6(专家组意见)。

(5) 综合评价：在完成健康影响评价分析评估表(表 2-6)基础上，如果拟定重要公共政策对健康潜在影响重大，且经费和时间充裕的情况下，健康影响评价专家组可以进一步选择适宜的评估方法和工具，收集相关证据，进行综合评价，进一步明确潜在健康风险和收益水平的相对重要性、确定健康决定因素的依据，预测拟定政策对健康的消极 / 积极影响及特征、具体受到影响的人群和产生意想不到的后果发生的可能性。

必要情况下，可以寻求本地或更高层面的专业机构以及有关科研院所、专业技术团队的技术指导和合作。

健康影响评价常用的分析评估方法，见表 2-7。《健康影响评价实施操作手册(2019 版)》"3.5 健康影响评价常用分析评估办法简要介绍"部分，结合健康影响评价的特点，对这些方法做了简要介绍。一旦选择确定具体的评估方法，专家组则需要按照所选择方法的操作流程进行资料的收集、分析和得出结论。

5.5 出具评价报告(建议)

在完成对拟定政策的健康影响评价后，专家组需要出具评价报告，给出评价结论，提出相关建议。

一份完整的健康影响评价报告至少包括：健康影响评价的背景；健康影响评价过程(按照健康影响评价的步骤和技术流程进行描述)；健康影响评价涉及的人员、组织和资源；对健康影响评价过程中的合作和参与程度的评估；对该政策健康影响的预估；健康影响评价的结论；提出加强积极影响至最大化和减弱消极影响至最小化的建议。

健康影响评价的结论有两种：①通过健康影响评价，由此进入下一环节；②未通过健康影响评价，并提出健康影响评价的建议。

健康影响评价的建议可根据拟定政策起草、修订、执行等不同阶段提出具体建议。提出的建议应充分考虑到建议的适宜性和可行性。

大多数情况下，为了与拟定政策的时限性和政策拟订进程保持一致，健康影响评价专家组可提交一份简化版的健康影响评价意见反馈及备案表(表 2-8)，主要包括健康影响评价的结论、原政策条款可能存在的问题以及相应的修改建议。

5.6 评价结果备案

按照健康影响评价的实施流程，专家组在出具评价报告后，应填写健康影响评价意见反馈及备案表(表 2-8)，连同健康影响评价报告一起交至本次健康影响评价工作的实施主体("委员会办公室"或文件起草部门)，最终归口"委员会办公室"进行备案。

5.7 评价结果使用

针对各级人民政府拟定的行政规范性文件，"委员会办公室"在收到专家组提交的健康影响评价意见反馈及备案表(表 2-8)后，根据健康影响评价的结果进行相关后续处理。

(1) 通过健康影响评价的，由"委员会办公室"将健康影响评价结论反馈至文件起草部门，继续政策出台流程。

(2) 没有通过健康影响评价的，由"委员会办公室"将相关意见反馈至文件起草部门，供文件(政策)修订完善使用。

文件起草部门在收到"委员会办公室"转递的健康影响评价意见反馈及备案表(表 2-8)后，需充分考虑健康影响评价的意见和建议。如文件涉及其他相关部门，需进行协商沟通，得到确认核签。期间，如果其他部门对健康影响评价结果有异议，可向"委员会办公室"提请复议，由原评价专家组在限定时间内复议并出具复议结果及意见。

文件起草部门应将意见采纳情况填入健康影响评价结果采纳情况反馈表(表 2-9)，提交至本级"委员会办公室"，并经健康影响评价专家组再次审核确认。专家组审核确认通过者，继续政策出台流程。专家组审核确认未通过者，不宜发文。

针对各级人民政府所属工作部门拟定的行政规范性文件，由文件起草部门自行参考健康影响评价结果，进行政策修订完善，并向同级“委员会办公室”备案（表 2-9）。

5.8　监测评估

监测评估包括对健康影响评价过程本身的评估和对拟定政策发布实施情况及实施后影响的评估。各地可根据拟定政策的具体情况以及地方资源选择性进行监测评估。

(1) 对健康影响评价过程本身的评估，主要是确保健康影响评价过程的科学、公开，评估结果的客观、可靠及把握度。

(2) 对拟定政策发布实施过程的监测评估，主要是评估政策执行情况，进行一致性评价，同时总结政策执行的效果、成功经验和失败教训。

(3) 对拟定政策发布实施后影响的监测评估，一是监测健康决定因素的变化情况；二是监测人群健康状况的变化及发展趋势，评估政策对人群健康的潜在影响。在政策实施阶段，通过收集与重要公共政策实施相关的信息和数据，了解健康决定因素及人群健康状况的发展变化，并将监测结果与其健康影响评价报告相比较，以进一步验证并发现重要公共政策实施中是否存在影响健康的问题。在较长的时期里，需要监测政府、各部门、人群对健康及健康决定因素的认识和态度的变化，监测人群健康及其决定因素长期发展趋势。

监测评估工作由本级“委员会办公室”牵头负责，在健康影响评价工作网络、健康影响评价专家委员会和卫生健康部门相互配合、明确分工的情况下开展。

6　重要公共政策健康影响评价相关表单

表 2-1　健康影响评价备案登记表

<table>
<tr><td colspan="2">文件(政策)名称</td><td colspan="5"></td></tr>
<tr><td colspan="2">起草 / 提交部门</td><td></td><td>提交人</td><td></td><td>电话</td><td></td></tr>
<tr><td colspan="2">受理 / 备案部门</td><td>委员会办公室</td><td>受理 / 备案人</td><td></td><td>电话</td><td></td></tr>
<tr><td colspan="2">受理 / 备案日期</td><td></td><td colspan="2">评价完成时限</td><td colspan="2"></td></tr>
<tr><td colspan="2">发布类别</td><td colspan="5">□ 政府发布　□ 部门发布</td></tr>
<tr><td colspan="2">涉及的相关部门</td><td colspan="5"></td></tr>
<tr><td colspan="2" rowspan="2">是否做过其他有关评价(√)及内容</td><td colspan="5">是否做过?　是□　否□</td></tr>
<tr><td colspan="5">评价内容:</td></tr>
<tr><td rowspan="8">提交相关资料清单</td><td>序号</td><td colspan="2">文件名称</td><td colspan="2">份数</td><td>备注</td></tr>
<tr><td>1</td><td colspan="2">政策草案文本</td><td colspan="2"></td><td></td></tr>
<tr><td>2</td><td colspan="2">政策起草说明</td><td colspan="2"></td><td></td></tr>
<tr><td>3</td><td colspan="2">制定政策依据的法律、法规、规章及国家相关政策</td><td colspan="2"></td><td></td></tr>
<tr><td>4</td><td colspan="2">针对不同内容的其他评价材料(如环境影响、社会影响、公平性影响等)</td><td colspan="2"></td><td></td></tr>
<tr><td>5</td><td colspan="2">相关行业标准及规范</td><td colspan="2"></td><td></td></tr>
<tr><td>6</td><td colspan="2">……</td><td colspan="2"></td><td></td></tr>
<tr><td></td><td colspan="2"></td><td colspan="2"></td><td></td></tr>
<tr><td>备案说明</td><td colspan="6">1. 提交方对提交的相关资料的真实性负责。
2.……</td></tr>
</table>

表 2-2　健康决定因素清单(示例)

分类	种类	说明
环境因素	空气质量	空气质量的好坏反映了空气污染程度,它是依据空气中污染物浓度的高低来判断的。空气质量指数(AQI)是定量描述空气质量状况的指数,由各项污染物的空气质量分指数(IAQI)中的最大值来决定,各项污染物的IAQI是由其浓度和相关标准根据公式计算得出,污染物包括二氧化硫、二氧化氮、一氧化碳、臭氧、粒径≤10μm的颗粒物(PM_{10})和粒径≤2.5μm的颗粒物($PM_{2.5}$),当AQI>50时对应的污染物为首要污染物
	水质量	水体的物理(如色度、浊度、臭味等)、化学(无机物和有机物的含量)和生物(细菌、微生物、浮游生物、底栖生物)的特性及其组成的状况。水质为评价水体质量的状况,规定了一系列水质参数和水质标准。如生活饮用水、工业用水和渔业用水等水质标准
	土壤质量	国际上比较通用的是土壤在生态系统中保持生物的生产力、维持环境质量、促进动植物健康的能力
	噪声	噪声是一类引起人烦躁或音量过强而危害人体健康的声音。从环境保护的角度看:凡是妨碍到人们正常休息、学习和工作的声音,以及对人们要听的声音产生干扰的声音,都属于噪声
	废物处理	包括医疗废弃物处理、生活废弃物处理、工业废弃物处理、农业废弃物处理和危险废弃物处理等
	气候变化	是指气候平均状态统计学意义上的巨大改变或者持续较长一段时间(典型的为30年或更长)的气候变动。气候变化不但包括平均值的变化,也包括变率的变化
	能源的清洁性	主要针对能源勘探开发、生产、加工转换和消费各环节所带来的环境问题,分析能源开发和利用的粗放程度以及能源消费给生态环境和碳排放带来的负面影响
	食物原材料供应及其安全性	制作食物时所需要使用的原料供应充足且安全
	食品生产、加工和运输	食品生产、加工和运输能力水平和安全保障
	病媒生物	指能直接或间接传播疾病(一般指人类疾病),危害、威胁人类健康的生物
	绿化环境	绿化栽种植物是改善环境的活动。绿化指的是栽植防护林、路旁树木、农作物以及居民区和公园内的各种植物等。绿化包括国土绿化、城市绿化、四旁绿化和道路绿化等。绿化可改善环境卫生并在维持生态平衡方面起多种作用
	工作、生活和学习微观环境	公众工作、生活和学习微观环境质量,包括热环境、空气质量和噪声水平等方面
	自然灾害	自然灾害是指以自然变异为主要因素造成的,危害人类生命健康、财产、社会功能以及资源、环境,且超出受影响者利用自身资源进行应对和处置能力的事件或现象。按灾害的性质将自然灾害分为七大类:气象灾害、海洋灾害、水旱灾害、地质灾害、地震灾害、生物灾害和森林草原火灾

续表

分类	种类	说明
环境因素	交通安全性	交通系统本身的运行安全水平，交通安全是社会稳定的重要方面，也是群众关心的重要民生问题，也是道路交通管理的两项基本任务之一。我国常用交通事故次数、死亡人数、受伤人数和直接财产损失4项基本指标来描述
	生物多样性	生物及其环境形成的生态复合体以及与此相关的各种生态过程的综合，包括动物、植物、微生物和它们所拥有的基因以及它们与其生存环境形成的复杂的生态系统
	文化娱乐休闲场所和设施	文化休闲娱乐业是以大众娱乐消费需求为市场，通过现代科技手段和流通服务平台，将具有娱乐属性的图形、文字、音符等文化符号转化为各类文化、娱乐产品和服务活动，以及与这些服务活动有关联的行业总称。文化休闲娱乐场所和设施不仅包括一些传统的文化产业部门（如剧院等），还包括一些新型的文化创意产业（如咖啡馆等）和设备（器材）
	健身场地和设施	指由各级人民政府或者社会力量建设和举办的，向公众开放用于开展体育健身活动的体育健身场（馆）、中心、场地、设备（器材）等
	基础卫生设施	指公共场所所包含的基本卫生设施，如餐厅基本卫生设施有洗消间、员工更衣间、卫生间、食品冷藏冰箱等
个体/行为危险因素	饮食	不健康的饮食是慢性病的主要高危因素。健康饮食五大要点：婴儿满6个月前，提倡只用母乳喂养；食物多样化；多吃蔬菜和水果；食用脂肪和油要适量；少吃盐和糖
	身体活动/静坐生活方式	身体活动系指由骨骼肌肉产生的需要消耗能量的任何身体动作。身体不活动（缺乏身体活动）被认为是全球第四大死亡风险因素（占全球死亡人数的6%）。静坐生活方式是指在工作、家务、交通行程期间或休闲时间内，不进行任何体力活动或仅有非常少的体力活动
	出行方式	是指居民出行所采用的方法或使用的交通工具。居民出行重要特征之一
	吸烟	是不健康的行为。吸烟有危害，不仅仅危害人体健康，还会对社会产生不良的影响。可以从吸烟史（现在吸烟、既往吸烟、被动吸烟）、烟龄和戒烟（戒烟多久了、戒烟主要原因）等方面描述
	饮酒	饮酒对健康无益，过量饮酒可导致消化、心脑血管和神经等系统的损伤，并与多种疾病存在因果关系，其造成的残疾和死亡不亚于吸烟和高血压。可以从频率、饮酒量和种类等方面描述
	毒品及药物滥用	毒品是指鸦片、海洛因、甲基苯丙胺（冰毒）、吗啡、大麻、可卡因，以及国家规定管制的其他能够使人成瘾的麻醉药品和精神药品；药物滥用是指出于非医疗目的反复连续使用（滥用）能够产生依赖性的药品。毒品及药物滥用除了形成依赖性外，还会严重影响滥用者的身心健康，主要可引起神经系统损害、个性改变，导致心血管系统疾病、肺水肿、腹痛、精神异常，甚至死亡。毒品及药物滥用不仅是一个医学问题，更会带来一系列的社会问题
	休闲娱乐活动	大众休闲娱乐的消费需求活动

续表

<table>
<tr><th>分类</th><th>种类</th><th>说明</th></tr>
<tr><td rowspan="7">个体/行为危险因素</td><td>不安全性行为</td><td>包括卖淫嫖娼、无金钱交易的非婚性行为和夫妻中一方已感染 HIV 或性病情况下发生的无保护性夫妻性行为</td></tr>
<tr><td>生活技能(含避险行为)</td><td>WHO 将生活技能定义为:一个人的心理社会能力,即一个人有效地处理日常生活中各种需要和挑战的能力,是个体保持良好心态,并且在与他人、社会和环境的相互关系中,表现出适应和积极的行为能力。包括自我认识能力和同理能力、有效的交流能力和人际关系能力、处理情绪问题能力和缓解压力能力、创造性思维能力和批判性思维能力、决策能力和解决问题能力、避险行为</td></tr>
<tr><td>世界观、人生观和价值观</td><td>世界观,也叫宇宙观,是哲学的朴素形态。世界观是人们对整个世界的总的看法和根本观点。由于人们的社会地位不同,观察问题的角度不同,形成不同的世界观。人生观是指对人生的看法,也就是对于人类生存的目的、价值和意义的看法。人生观是由世界观决定的。人生观是一定社会或阶级的意识形态,是一定社会历史条件和社会关系的产物。价值观是指人们在认识各种具体事物的价值的基础上,形成的对事物价值的总的看法和根本观点。一方面表现为价值取向、价值追求,凝结为一定的价值目标;另一方面表现为价值尺度和准则</td></tr>
<tr><td>健康理念和意识</td><td>是指机体对自身正常功能和心理状态的信念和认识</td></tr>
<tr><td>压力</td><td>压力是心理压力源和心理压力反应共同构成的一种认知和行为体验过程。通俗地讲,压力就是一个人觉得自己无法应对环境要求时产生的负性感受和消极信念</td></tr>
<tr><td>自尊/自信</td><td>自尊是个体在社会实践过程中所获得的对自我积极的情感性体验,由自我效能或自我胜任和自我悦纳或自爱两部分构成。自信是指个体对自身成功应付特定情境的能力的估价</td></tr>
<tr><td rowspan="10">公共服务的可及性、公平性和质量</td><td>教育</td><td rowspan="10">公共服务,是 21 世纪公共行政和政府改革的核心理念,包括加强城乡公共设施建设,发展教育、科技、文化、卫生、体育等公共事业,为社会公众参与社会经济、政治、文化活动等提供保障。公共服务以合作为基础,包括加强城乡公共设施建设,强调政府的服务性,强调公民的权利</td></tr>
<tr><td>社会保障</td></tr>
<tr><td>医疗卫生服务</td></tr>
<tr><td>养老服务</td></tr>
<tr><td>残疾人服务</td></tr>
<tr><td>社会救助</td></tr>
<tr><td>幼儿托管服务</td></tr>
<tr><td>食品零售</td></tr>
<tr><td>交通运输</td></tr>
<tr><td>文化娱乐休闲服务</td></tr>
</table>

续表

分类	种类	说明
公共服务的可及性、公平性和质量	治安/安全保障和应急响应	
	能源可及性	
家庭和社区	相互支持	是以血缘为基础，家庭成员通过语言或行动对家人进行关怀，提供家庭成员需要的服务、情感、信息等支持的一种社会支持
	孤立	社会孤立不仅表现在"结构性社会支持"参与度的下降，而且也体现在"功能性社会支持"方面。所谓结构性社会支持是关于社会支持规模与频度的客观评价；而功能性社会支持是一种对于社会支持质量的主观判断，即对他人提供的情感、工具和信息支持的感知反应。基于这样的定义，社会孤立是一种多维度概念，多形成于质量与数量上的社会支持缺失
	家庭结构和家庭关系	家庭结构是家庭中成员的构成及其相互作用、相互影响的状态，以及由这种状态形成的相对稳定的联系模式。家庭关系亦称家庭人际关系。家庭成员之间固有的特定关系。表现为不同家庭成员之间的不同联系方式和互助方式，是联结家庭成员之间的纽带。它的特点是以婚姻和血缘为主体，并由有婚姻和血缘关系的人生活在一起构成，表现为组成家庭的各成员之间特殊的相互行为。以代际关系为层次，以家庭同代人的多少为幅度，构成家庭中几代人或同代人之间的传递和交往
	志愿团体的参与	指志愿团体组织参与扶弱济困类、便民利民类、就业指导服务类、治安维稳类和环境保洁服务类的活动等
	文化风俗、传统习俗	泛指一个国家、民族、地区中集居的民众所创造、共享、传承的风俗文化生活习惯。是在普通人民群众的生产生活过程中所形成的一系列非物质的东西
	犯罪和暴力	犯罪是指触犯法律而构成罪行。做出违反法律的应受刑法处罚的行为。暴力是指不同的团体或个人之间，如不能用和平方法协调彼此的利益时，常会用强制手段以达到自己的目的
	歧视	是一种违背正义原则的、不正当的区别对待，指某些人以优越群体成员的身份，不平等地对待另一群体成员的行为
就业	就业和工作保障	就业的含义是指在法定年龄内的有劳动能力和劳动愿望的人们所从事的为获取报酬或经营收入进行的活动。就业工作保障是指国家为了保障公民实现劳动权所采取的创造就业条件、扩大就业机会的各种措施的总称
	收入和福利	工资性收入指就业人员通过各种途径得到的全部劳动报酬，包括所从事的主要职业的工资以及从事第二职业、其他兼职和零星劳动得到的其他劳动收入。福利是员工的间接报酬。一般包括健康保险、带薪假期、过节礼物或退休金等形式

续表

分类	种类	说明
就业	职业危害因素	是指生产工作过程及其环境中产生和/或存在的，对职业人群的健康、安全和作业能力可能造成不良影响的一切要素或条件的总称。按其来源可分为以下三类：生产工艺过程中的有害因素、劳动过程中的有害因素和生产环境中的有害因素
	职业防护和健康管理	根据需要防护的职业危害来确定设置工程防护措施、个体防护措施、职业健康监护措施、工作环境监护措施和管理措施等
住房	住房供给、价格以及可及性	住房供给是指由市场向住房投资者和住房消费者提供其所需的住房存量与住房服务流量的过程。住房价格即是指住房连同其占用土地的价格，即房价：土地价格 + 建筑物价格。住房可及性指住房可负担性，可以用房价收入比、住房可负担性指数、月供收入比、月供消费结余等指标来衡量
	房屋大小和拥挤程度	房屋大小与居住的人口比例要合适，房子小，人口多，就会有拥挤和燥热的感觉。可用人均住房使用面积测量拥挤程度
	住房安全	从房屋地基基础、主体承重结构、围护结构的危险程度，结合环境影响以及发展趋势，经安全性鉴定和评估

注：①健康决定因素可以直接或间接地对健康造成影响。健康决定因素是多种多样的，包括生物因素、个人/行为因素、社会和文化因素、经济因素、环境因素和以人口为基础的服务的获取和质量等；②健康影响评价关注的是可以被改变的健康决定因素。本表对年龄、性别和遗传等生物学因素未做考虑，主要关注环境因素、个体/行为危险因素，公共服务的可及性、公平性和质量，家庭和社区、就业和住房等因素；③本表给出公共政策所涉及的主要领域和主要健康决定因素的示例。各地在实际运用中，可以从此表出发，确定适用于拟定政策的相关决定因素清单。

表 2-3 健康影响评价筛选清单

问题	回答		
	是	不知道	否
1. 该政策是否可能对健康产生消极影响			
2. 该政策是否可能对健康产生积极影响			
3. 潜在的消极或积极健康影响是否会波及很多人（包括目前和将来）			
4. 潜在消极健康影响是否会造成死亡、伤残或入院风险			
5. 对于残疾人群、流动人口、贫困人口等弱势群体而言，潜在的消极健康影响是否会对其造成更为严重的后果			
6. 该政策对经济社会发展有较大影响			
7. 该政策对公众的利益有较大影响			
8. 该政策是否会成为公众或社会关注的焦点			
是否进行进一步的分析评估　　□是　　□否			

表 2-4　健康影响评价筛选意见汇总表

<table>
<tr><td colspan="2">文件（政策）名称</td><td colspan="4"></td></tr>
<tr><td colspan="2">发布类别</td><td colspan="4">☐ 政府发布　☐ 部门发布</td></tr>
<tr><td colspan="2">起草 / 提交部门</td><td colspan="4"></td></tr>
<tr><td colspan="2">筛选日期</td><td colspan="4"></td></tr>
<tr><td colspan="2">筛选方法</td><td colspan="4"></td></tr>
<tr><td colspan="6">评价专家组筛选结果：</td></tr>
<tr><td colspan="3">专家组组长签字：

日期：</td><td colspan="3">参与专家签字：

日期：</td></tr>
<tr><td rowspan="2">参与人数</td><td colspan="3">投票结果</td><td colspan="2" rowspan="2">结论：是否开展进一步分析评估</td></tr>
<tr><td>同意</td><td>反对</td><td>弃权</td></tr>
<tr><td></td><td></td><td></td><td></td><td>☐是</td><td>☐否</td></tr>
</table>

表 2-5　人群常见分类参考

分类依据	人群构成
年龄段	新生儿（出生 28 天以内）、婴儿（出生 29 天 ~12 个月）、幼儿（1~6 岁）、少年儿童（7~17 岁）、青年（18~35 岁）、中年（36~59 岁）、低龄老年人（60~69 岁）、中龄老年人（70~79 岁）、高龄老年人（80 岁以上）
行为能力	无独立民事行为能力（16 岁以下）、具备独立民事行为能力（16 岁及以上）、普通残疾人、生活不能自理的残疾人、生活不能自理的老年人
健康状态	健康人群、亚健康人群、慢性病人群、生理期女性
孕产周期	孕妇、产妇、哺乳期妇女、孕产期妇女的家属
受教育状态	幼儿园、小学生、初中生、高中生、职业教育在校生、高等教育在校生
职业状态	各类专业、技术人员；国家机关、党群组织、企事业单位的负责人；办事人员和有关人员；商业工作人员；服务性工作人员；农林牧渔劳动者；生产工作、运输工作和部分体力劳动者；个体经营者；不便分类的其他劳动者；离退休人员；无业人员
弱势群体	主要包括生理性弱势群体和社会性弱势群体两类。生理性弱势群体有着明显的生理原因，如年龄、疾病、残疾等；社会性弱势群体是指由于社会原因造成的弱势，如下岗、失业、贫穷、受排斥等
包括但不限于上述类别的其他人群	

表 2-6 健康影响评价分析评估表(个人意见 / 专家组意见)

<table>
<tr><th rowspan="2">政策条款</th><th rowspan="2">对应的健康决定因素</th><th rowspan="2">所涉及的行业部门</th><th colspan="2">潜在的健康影响</th><th rowspan="2">提出的政策修改建议(理由)</th></tr>
<tr><th>积极 / 消极</th><th>影响的描述</th></tr>
<tr><td rowspan="2">例:
关于“生态修复”条款</td><td rowspan="2">环境:自然生态</td><td rowspan="2">自然资源局;生态环境局</td><td>积极影响</td><td>景观绿化,抑制扬尘,清洁空气,有利于居民健康</td><td>加强监测和综合防制</td></tr>
<tr><td>消极影响</td><td>有可能影响生态微环境,带来微生物、蚊蝇等的孳生,增加传染性疾病发生风险</td><td>环境工程设计中,建议在绿化植物选种上多种植驱蚊性植物</td></tr>
<tr><td>例:暂无</td><td colspan="2"></td><td colspan="2"></td><td>增加……</td></tr>
<tr><td></td><td colspan="2"></td><td colspan="2"></td><td></td></tr>
<tr><td></td><td colspan="2"></td><td colspan="2"></td><td></td></tr>
<tr><td></td><td colspan="2"></td><td colspan="2"></td><td></td></tr>
<tr><td></td><td colspan="2"></td><td colspan="2"></td><td></td></tr>
</table>

填表说明:①表 2-6 用于专家逐条梳理政策条款对应的健康决定因素、描述潜在健康影响和提出修改建议;②参与筛选的所有专家,对照表 2-2 健康决定因素清单(示例),利用所提供资料,进行综合考虑,并填写表 2-6(个人意见);③专家组组长对各专家意见进行汇总,并引导专家组进一步对表中所涉及内容进行集中梳理和讨论,对拟定政策的健康影响评价结果,形成专家组意见,作为形成健康影响评价报告的依据,填写表 2-6(专家组意见);④如果全程采用集中讨论形式完成分析评估,则只需完成表 2-6(专家组意见)填写。

表 2-7 健康影响评价常用的分析评估方法(参考)

<table>
<tr><th>分类</th><th>具体评估方法</th></tr>
<tr><td>定性评估</td><td>专家观点;专题小组访谈;利益相关者研讨会;关键知情人访谈;公众听证会;头脑风暴法;德尔菲法;情景评估</td></tr>
<tr><td rowspan="3">现有资料的定量评估</td><td>系统的文献回顾</td></tr>
<tr><td>现有人口统计和健康数据(如人口普查、调查数据,监管项目和机构报告等)</td></tr>
<tr><td>绘制人口统计、健康状况统计或环境测量结果分布图</td></tr>
<tr><td rowspan="2">调查测量</td><td>环境测量措施:
①评估有害性物质。空气、土壤和水里的有害物质 / 污染物;噪声;放射性或危险环境如洪水、火灾、滑坡或伤害风险。
②评估公共健康资产和资源。水体、土地、农场、森林和基础公共建设设施、学校和公园等</td></tr>
<tr><td>实证研究,尤其是流行病学研究(调查、成本效益分析、测评):描述健康决定因素和健康结局之间的关联;必要时,量化关联的强度</td></tr>
</table>

表 2-8　健康影响评价意见反馈及备案表

<table>
<tr><td colspan="2">文件(政策)名称</td><td colspan="3"></td></tr>
<tr><td colspan="2">发布类别</td><td colspan="3">☐政府发布　☐部门发布</td></tr>
<tr><td colspan="2">起草/提交部门</td><td colspan="3"></td></tr>
<tr><td colspan="2">备案部门</td><td colspan="3">委员会办公室</td></tr>
<tr><td colspan="5">结论:是否通过健康影响评价　☐通过评价　☐未通过评价</td></tr>
<tr><td colspan="5">健康影响评价意见汇总
(必要时,可以将表 2-6 分析评估表专家组意见作为附件提交)</td></tr>
<tr><td>序号</td><td>原政策条款</td><td>可能存在的影响</td><td>修改建议</td><td>可能涉及的行业部门</td></tr>
<tr><td>1</td><td>例:关于“生态修复”条款</td><td>①景观绿化,抑制扬尘,清洁空气,有利于居民健康;
②有可能影响生态微环境,带来微生物、蚊蝇等的孳生,增加传染性疾病发生风险</td><td>①加强监测和综合防制;
②环境工程设计中,建议在绿化植物选种上多种植驱蚊性植物</td><td>自然资源局,生态环境局</td></tr>
<tr><td></td><td></td><td></td><td></td><td></td></tr>
<tr><td></td><td></td><td></td><td></td><td></td></tr>
<tr><td></td><td></td><td></td><td></td><td></td></tr>
<tr><td></td><td></td><td></td><td></td><td></td></tr>
<tr><td colspan="5">共　页　　第　页</td></tr>
<tr><td colspan="5">专家组组长:
参与专家:

提交日期:</td></tr>
<tr><td colspan="2">备案人(签字)</td><td></td><td>备案日期</td><td></td></tr>
</table>

表 2-9　健康影响评价结果采纳情况反馈表

<table>
<tr><td colspan="2">文件(政策)名称</td><td colspan="4"></td></tr>
<tr><td colspan="2">发布类别</td><td colspan="4">□ 政府发布　　□ 部门发布</td></tr>
<tr><td colspan="2">起草 / 提交部门</td><td colspan="4"></td></tr>
<tr><td colspan="2">备案部门</td><td colspan="4">委员会办公室</td></tr>
<tr><td colspan="3">专家组审核确认结论</td><td colspan="3">□ 通过审核　　□ 未通过审核</td></tr>
<tr><td colspan="6">健康影响评价意见采纳情况</td></tr>
<tr><td rowspan="2">序号</td><td rowspan="2">原政策条款</td><td rowspan="2">可能存在的影响</td><td rowspan="2">修改建议</td><td colspan="2">采纳使用情况</td></tr>
<tr><td>采纳</td><td>不采纳
(理由)</td></tr>
<tr><td></td><td></td><td></td><td></td><td></td><td></td></tr>
<tr><td></td><td></td><td></td><td></td><td></td><td></td></tr>
<tr><td></td><td></td><td></td><td></td><td></td><td></td></tr>
<tr><td></td><td></td><td></td><td></td><td></td><td></td></tr>
<tr><td></td><td></td><td></td><td></td><td></td><td></td></tr>
<tr><td colspan="6">共　页　　第　页</td></tr>
<tr><td colspan="4">文件(政策)起草 / 提交部门联系人:</td><td colspan="2">电话:</td></tr>
<tr><td colspan="6">文件(政策)起草 / 提交部门签章:

提交日期:</td></tr>
<tr><td colspan="3">备案人(签字):</td><td colspan="3">备案日期:</td></tr>
</table>

7 案　　例

本节提供了两个参考案例。杭州市针对本市“国民经济和社会发展　第十三个五年规划纲要”之“总体规划”的评价案例和宜昌市针对“城区菜市场提质惠民三年行动实施方案”的评价案例，为开展重大经济社会发展规划和专项政策的健康影响评价提供了路径和方法学参考。

两个案例中涉及的政策均属于当地健康影响评价指定范围，其中杭州案例是杭州市发展和改革委员会(以下简称“市发改委”)按照《杭州市公共政策健康影响评价试点实施方案》要求，提交“杭州市‘十四五’规划拟定编制目录”进行备案基础上，基于为“十四五”规划编制和开展健康影响评价提供参考的目的，市健康办选择“十三五”规划之“总体规划”进行评价。宜昌案例则是依据《宜昌市公共政策健康影响评价实施方案(试行)》的要求，由宜昌市健康办协商相关部门，选择对“宜昌市城区菜市场提质惠民三年行动实施方案(2018—2020)”进行评价。两个案例中开展健康影响评价的管理和技术流程与本部分所述基本相同，在具体评价方法上各有差异。

案例一 《杭州市国民经济和社会发展第十三个五年规划纲要》的健康影响评价

一、杭州市健康影响评价工作开展情况

杭州市是国内最早开展健康城市试点建设的城市之一，有着深厚的爱国卫生历史传统和健康城市人文禀赋。自 1995 年成功创建国家卫生城市以来，尤其是党的十八届五中全会提出“推进健康中国建设”以来，杭州市秉持“将健康融入所有政策”理念，积极推进营造健康文化、保护健康环境、构建健康社会、优化健康服务、培育健康人群、发展健康产业六大建设任务，全方位推动健康城市建设。2019 年 10 月，杭州市人民政府办公厅正式印发了《杭州市公共政策健康影响评价试点实施方案》。杭州市成为国内第一个以政府层面正式实施公共政策健康影响评价工作的省会城市和副省级城市。

(一) 组织管理机制

杭州市为推进健康城市建设，成立了由市委书记和市长共同担任组长的高规格健康杭州建设领导小组，市直各部委办局 59 个单位的主要党政领导和 15 个区(管委会)、县(市)党委书记为成员。下设办公室(市健康办)，由分管副市长兼任办公室主任。此外，在国内率先成立健康城市建设常设机构——杭州市健康城市指导中心，具体承担市健康办的日常工作，在市委和市政府领导下负责全市范围内健康影响评价工作的组织领导、协调督办，现有编制 16 人。

为保证公共政策健康影响评价结论的客观公正，2018 年 5 月，杭州市健康办就着手组建了健康杭州建设专家咨询委员会，为正式实施公共政策健康影响评价提供技术支撑。健康杭州建设专家咨询委员会由卫生管理与政策、公共卫生、公共管理、健康管理、社会医学、环境、安全、工程、规划、文化、教育、体育、临床、康复等领域的副高级(副处级)及以上职称(职务)专家组成，囊括高等院校、科研机构以及机关企事业单位在相关领域

有较高造诣的专家及技术人员。在市健康办的统一管理和调配下，承担全市政府及其组成部门的政策评价工作，完成市健康办和其他政策起草部门交办或委托的任务，并定期参加市健康办组织的针对健康影响评价的内容和技术操作程序以及相关进展的专题培训。

(二) 保障措施

由杭州市委办公厅和市政府办公厅印发的《关于加强健康杭州“6+1”平台建设建立大健康共建体系指导意见》和《健康杭州考核办法(试行)》确立了党委领导、政府主导、部门协同、社会参与、项目推进的大健康共建体系，并将《杭州市公共政策健康影响评价试点实施方案》(以下简称“实施方案”)落实情况纳入对市直部门和区(县)党委政府的年度考核任务以及主要领导的任期目标责任制。

地方党委政府参照“实施方案”开展地方公共政策健康影响评价工作。

鼓励各地充分挖掘和培育属地大健康发展技术力量，组建当地健康影响评价专家库，同时将市级健康影响评价专家团队对各区(县)健康影响评价工作开放共享。

按照“实施方案”有关三个阶段的实施计划，杭州市公共政策健康影响评价工作当前尚处于试点阶段，在财政经费保障方面，由杭州市健康城市指导中心每年以项目经费的形式纳入第二年本级财政预算，以保障评价工作正常开展。

二、《杭州市国民经济和社会发展第十三个五年规划纲要》健康影响评价背景

《杭州市国民经济和社会发展第十三个五年规划纲要》(以下简称“十三五”规划)是杭州市市域经济社会发展的纲领性文件，是杭州市人民政府在社会主义市场经济条件下加强宏观调控的重要手段，是全面履行公共服务职能、优化资源配置，率先实现高水平全面建成小康社会和建设世界名城，成为新时代全面展示中国特色社会主义制度优越性的重要窗口战略目标的重要依据和行动指南。“十三五”规划全面阐述了2015—2020年全市经济社会的发展战略、目标，明确了各相关部门、相关单位的工作重点和努力方向。

2020年是《杭州市国民经济和社会发展第十四个五年规划纲要》(以下简称“十四五”规划)的编制年。“十四五”规划是未来五年杭州市经济社会发展的纲领性文件。“十四五”期间是杭州市建成世界名城，成为展示中国特色社会主义制度优越性重要窗口的关键时期。打造健康中国示范区是展示中国特色社会主义制度优越性的重要内容之一。为全面落实公共政策健康影响评价，推动将健康全面融入杭州市经济建设、政治建设、文化建设、社会建设和生态文明建设，加快打造健康中国示范区建设，杭州市健康办拟以“十三五”规划为例，探索适宜的健康影响评价方法路径和工具，同时为“十四五”规划编制和开展健康影响评价提供参考。

三、健康影响评价的实施

(一) 部门初筛

2020年7月，市发改委依据涉及健康相关因素的政策文件范围和对应健康问题清单(参见《健康影响评价实施操作手册(2019版)》)，会同相应政策起草单位对全市拟定计划编制的相应“规划”进行梳理和初筛，共选出1项总体规划、2项区域规划、32项重点专项规划(其中，产业发展类7项、基础设施类4项、资源环境类5项、社会民生类10项、制度创新类3项、其他类3项)、44项一般专项规划(其中，产业发展类14项、基础设施类2项、资源环境类2项、社会民生类20项、制度创新类3项、其他类3项)以及15项登记备案规划，共计91项规划，形成“杭州市‘十四五’规划拟定编制目录”。

（二）提交登记和筛选

根据部门初筛结果，市发改委社会健康影响评价联络员将“杭州市‘十四五’规划拟定编制目录”，提交至市健康办备案。

市健康办登记受理年度拟定规划目录申请后，根据“实施方案”第一阶段试点计划的主要任务要求，确定选择拟制订“十四五”规划中的一项进行健康影响评价，并首选“总体规划”。同时确定以“十三五”规划之“总体规划”进行演练。

（三）组建专家组

基于“总体规划”涉及内容的综合性，市健康办根据“(2+X)模式”，选定了来自公共卫生、卫生法学、公共管理学、社会医学与卫生事业管理学、健康教育与健康促进等领域的5名专家组成健康影响评价专家组。

（四）分析评估

由于“十三五”规划是杭州市委市政府贯彻党中央国务院和省委省政府“十三五”规划文件要求，以及统领未来五年全市国民经济和社会发展的地方规划纲要，对市民健康多为积极影响。因此，专家组结合规划文本评价分析、现有资料分析和小范围访谈的形式进行评价。

1. 现有资料分析

(1) 文献研究：通过文献检索，搜集有关人群健康状况、职业特征、发展需求以及相关内容的发展现状等内容，进行归纳整理，以此对该规划进一步优化提出建设性建议。

(2) 大数据匹配分析：从死因监测、门诊住院信息、心理咨询、医疗保险、社会保障、110社会联动、信访、志愿者服务等大数据平台获取杭州市近五年人群健康发展相关资料。

2. 小范围访谈　对不同年龄段职业人群代表进行座谈，获取利益相关群体的健康相关诉求。

3. 规划文本评价分析　“十三五”规划属于纲领性文件，涉及国民经济和社会发展的各个方面。专家组结合规划编制背景、规划编制相关资料以及现有资料分析及人群访谈结果，对规划逐章节进行初步分析，识别规划涉及的健康决定因素，预估和描述规划所产生的健康影响，从维护和促进人群健康的角度提出修改建议。由市健康办整理汇总各位专家的意见和建议，见表2-10。

表2-10　杭州市“十三五”规划文本健康影响评价分析表（专家组汇总）

规划文本	对应的健康决定因素	描述潜在的健康影响	提出的政策修改建议（理由）
第二篇/第五章/第二节　精心筹备2022年亚运会	健康生活方式、健身场地和设施	文献显示，包括北京奥运会、广州亚运会，南京青奥会，以及即将到来的京张冬奥会等系列重大国际赛事，传承下来的宝贵财富不仅是竞技体育的奖牌，更重要的是培育了以当地居民为主体的全民健身的浓厚氛围	增加关于全民亚运和城市亚运的内容，考虑旧场馆的提升和提前谋划运动场馆未来的使用，为广大市民健康提供更充足更便捷的场地，营造全民健身的浓厚氛围。 增加“无烟亚运”的倡议，提升城市品牌

续表

规划文本	对应的健康决定因素	描述潜在的健康影响	提出的政策修改建议（理由）
第六章 / 第二节 打造国际会展之都和赛事之城 / 第三节 打造国际重要的旅游休闲中心	病媒生物安全	数据显示，新冠疫情发生以来，截至 2020 年 9 月 12 日，我国累计从境外输入 2 635 例病例，杭州市累计从境外输入病例 13 例，给境内疫情防控增加了诸多不确定性和公共健康安全隐患	打造国际会展之都、赛事之城和国际重要旅游休闲中心，务必配套强化建设相应口岸公共卫生体系以及社会公共卫生安全体系，强化境外人员入境后传染病防治法等相关法律宣教
专栏 1：设施提升和保障工程 /1. 会展宾馆建设工程	工作、学习、生活环境，水质量，食品生产加工	根据全市公共场所卫生监督执法和食品安全监督执法有关数据，宾馆客房卫生、泳池水质卫生和餐饮食品安全是投诉重点	在“会展宾馆建设工程”中增加强化监管力度要求
3. 基础设施工程 4. 交通畅通工程 7. 空气质量工程	交通安全性、空气、绿化环境	文献显示，交通干道人行道 $PM_{2.5}$ 浓度是公园步道的 5~7 倍。高等级公路尾气排放浓度也远高于低等级公路。机场快速路横穿滨江和萧山城区，多个高速入城口也被新建居民区包围，中河上塘高架中北段、秋石高架北段南向北长期全天拥堵	基础设施工程和交通畅通工程应保障外围绿化隔离带足够的宽度和绿植高度，以控制汽车尾气污染、噪声污染。同时，需配套意外伤害防护装置
8. 志愿者工程	志愿者团体参与	文献显示，对心搏骤停相关疾病的患者实施心肺复苏术的等待救援时间越短，越能提高成功救治率	在志愿者群体中全员普及心肺复苏术技能培训
第八章 / 第二节 打造“走出去”升级版	环境因素	文献显示，从当前国际上开展健康影响评价的现状看，“一带一路”沿线国家，如泰国、新加坡，以及非洲部分国家已经有开展重大工程项目健康影响评价的先例	建议我市在谋划和实施参与“一带一路”建设重大项目时，做好适应性健康影响试评价工作
第九章 / 第一节 打造接轨国际营商环境	病媒生物安全	同第六章第三节分析和建议	同第六章第三节分析和建议
第二节 优化国际化人居环境 / 高标准建设国际化生活社区……	住房	文献显示，健康场景是未来社区的重要场景之一，社区的健康支持功能有助于促使居民养成良好的健身习惯和健康生活行为方式	因此，建议积极推动将健康元素融入国际化社区建设中
第二节 实施教育国际化行动计划，继续推进外籍人员子女学校规划建设……	教育	文献和大量媒体报道显示，外籍学生来华留学存在跨文化心理适应问题，与外籍学生相处，国内学生也存在文化冲突问题	建议在开办国际化学校的过程中，尤其关注文化融合的生活课程相关内容

续表

规划文本	对应的健康决定因素	描述潜在的健康影响	提出的政策修改建议(理由)
第二节　实施医疗服务国际化行动计划,积极引进国际性医疗机构,推进国际医院试点……	卫生设施	基于生物安全和医学伦理问题,引进国际性医疗机构会存在东西方诊疗标准差异	引进国际性医疗机构需重点关注生物信息安全和相同诊疗标准在不同人种族群中的安全性
第四节　强化国际化通道建设	病媒生物安全	同第六章第三节分析和建议	同第六章第三节分析和建议
第三篇 / 第十章 / 专栏4:科技创新重大工程	科技	文献显示,重大科技攻关工程在带给社会巨大进步的同时,也会伴有一些不确定性问题发生	建议重大科技攻关工程需及时跟进法律保障体系建设,防止非法利用
第十二章 / 专栏 5:创新创业人才计划	卫生健康服务	基于对近年来引进的人才代表座谈情况,引进人才需完善后续配套服务政策	建议将家庭签约医生服务一并纳入人才服务体系
第十五章 / 第三节　推进国资国企改革	工作、学习、生活环境	文献显示,工作场所健康促进有助于提升企业职工健康水平和提高劳动生产效率	建议在国资企业改革中,增加国企带头开展企业健康促进工作的内容
第十七章 / 第一节　建立投资项目高效审批制度	环境	文献显示,预防性卫生审查可以有效减少职业安全事故发生	建议针对投资项目审批环节增加健康影响评价内容,为优化投资项目工程,提供科学依据
第五篇 / 第十八章 / 第一节　建设万亿信息产业集群	工作、学习、生活环境	据 39 健康网调查数据显示,98%的互联网从业人员认为在从事互联网行业之后,自身健康状况变差	在信息产业集群各大平台,加强配套健康管理设施和服务政策
第十八章 / 第二节　建设六大千亿产业集群	社会环境、垃圾处理	1. 据媒体报道和有关文献阐述,健康产业是朝阳产业,在蕴藏巨大财富的同时,也存在诸多监管缺失和不规范的问题; 2. 高端装备制造领域,需关注新污染问题,如新能源汽车电池的处理问题	1. 建议还需跟进六大领域的行业规范建设; 2. 及时建立高端引领,公共兜底的服务业发展制度和模式
第十九章 / 第一节　完善服务业产业体系。突出专业化、高端化方向……。依托新型城镇化,积极发展贴近群众生活……的生活性服务领域。推广政府采购公共服务模式……提高市民生活品质	卫生健康服务	文献显示,在社会经济发展水平一定的情况下,高端服务业容易导致加剧社会健康不公平趋势	政府购买公共服务模式是改善社会健康公平性的重要手段

续表

规划文本	对应的健康决定因素	描述潜在的健康影响	提出的政策修改建议(理由)
第四节 建设服务业强区县	卫生健康服务	偏远县市卫生健康服务水平有限,需保障当地居民和消费群体健康状况	大力发展服务业的同时,应加大卫生健康事业投入,积极强化医共体、医联体建设,提高当地卫生健康服务水平
第二十章/第一节 实施中国制造2025杭州行动纲要	社会环境、垃圾处理	同第五篇第十八章第二节建议	同第五篇第十八章第二节建议
第二十一章 确保粮食及主要农产品供给稳定	食品原材料供应的安全性	结合"健康杭州2030需求评估基线调查"群众健康需求和杭州电视台"我们圆桌会"专家群众座谈资料,杭州百姓对食品安全(包括农产品)满意度堪忧	建议保障主要农产品供给的同时,应积极探索区块链技术应用于农产品溯源系统,严格监管农药残留和违规使用兽用抗生素问题
第二十三章 打造重大发展平台/城西科创大走廊、城东智造大走廊、运河湖滨高端商务带、钱塘江生态经济带	生态环境	文献显示,在生态红线缓冲带进行商业开发,会显著影响局部区域 $PM_{2.5}$ 浓度和气温	建议在打造重大发展平台时,坚持规划先行,严守生态红线缓冲带底线
第二十四章/第一节 完善市域空间格局/第二节 提升中心城区功能/第三节 特色发展三县(市)	空气质量、健康设施、绿化环境	文献显示,城市空间规划直接影响到居民呼吸健康和运动习惯	建议在开发过程中,应积极推动呼吸健康和运动健康元素融入城区空间规划
第二十五章/第一节 健全一体化发展体制机制/第二节 建设品质城镇	生活行为习惯	文献显示,快速的城镇化进程中,农村改社区与农民转市民并非同步。农村居民适应城市生活方式,达到城市居民健康素养水平的进度远远滞后于居住形式的转变进度	建议在推进城乡一体化的进程中,除了关注基础设施的提升改造外,还应强化健康生活行为方式的积极干预
第三节 打造"美丽乡村"升级版	生活行为习惯、卫生健康服务	文献显示,美丽乡村建设多关注乡村生态环境领域,在美丽乡村建设过程中,作为对人群健康影响最大的"个人生活行为方式"关注度不足	建议将营造健康文化氛围,提升健康服务能力,培育健康人群等内容一并纳入美丽乡村建设范畴

续表

规划文本	对应的健康决定因素	描述潜在的健康影响	提出的政策修改建议(理由)
第二十六章/第一节　共同打造长三角世界级城市群/第二节　深化杭州都市区建设	社会环境	文献和媒体报道显示,长三角是全国健康城市建设最为活跃的地区。杭州虽然是国内最早开展健康城市试点建设的城市之一,但是晚于上海、苏州	建议在长三角一体化进程中,积极推动长三角健康城市联盟和杭州都市区健康城市联盟建设,互学互鉴,共建共享
第七篇/第二十七章/第一节　建设国际性区域交通枢纽	病媒生物安全	同第六章第三节分析和建议	同第六章第三节分析和建议
第二节　完善城市交通体系/第三节　提升交通管理和服务水平/专栏12:交通畅通工程	交通运输	天目-环北-艮山快速路横贯市区,是从钱塘新区穿过市区,直达西溪湿地和余杭区闲林一带的城市主干道,建成后,改善东西方向交通压力的同时,可能也面临着几何倍数增加的车流量。从全市重点慢性病发病以及死因监测大数据分析,发现天目山路西段呼吸系统相关慢性病发病和死亡情况好于东段,叠加空间规划分析发现,认为西段的超宽绿化隔离带具有保护作用	建议,天目-环北-艮山快速路东段建设应预留足够宽度的带状绿化隔离带,充分保护沿线人行道和居民区呼吸健康和减少意外伤害
第二十八章/第一节　大力推进城中村改造	生活行为习惯	同第二十五章第一节分析和建议	同第二十五章第一节分析和建议
第二节　推动地下地上空间立体发展/专栏13:地下空间综合开发行动	文化娱乐设施	文献显示,立体开发有助于增加平面空间利用效率,但也会增加平面开发所承载的人口密度。基于疫情防控有备无患的要求	建议城市开发要强化留白意识,不主张开发强度过大,留白用地需与项目用地配套规划。另对地下空间建筑的安全测试或演练,建议对所有应急设施设备均采用超负荷测试
第三节　有序疏解城市功能;有序迁移主城区大型服装批发、陶瓷品……等区域性专业市场以及区域性物流基地。统筹推动优质教育……等社会公共服务功能向全市拓展	空气、土壤、人居环境	文献显示,部分生产加工制造厂房在生产过程中会对占地造成不同程度的污染	建议在城市功能疏解过程中,涉及改变土地使用性质,转为教育用地或居住用地的,应从严把控。应加强土壤修复工作,确认达标后,方可投入使用

续表

规划文本	对应的健康决定因素	描述潜在的健康影响	提出的政策修改建议(理由)
第三十章/第一节　优化能源消费结构	垃圾处理	文献显示,新能源本身不具有污染性,但是其承载载体,如废弃电池,属于有毒有害垃圾	建议在推广发展清洁能源的过程中,应配套关注和评估新污染的处理问题
第三十一章/第二节　大力推进智慧应用	政策制度	文献检索和杭州健康通用户体验调查数据显示,智慧应用的价值在于互联互通,虽然当前每个政务系统都已经与城市大脑平台对接,但是功能还多停留在“各看各的”“驾驶舱”层面	建议,在后期加大数字赋能城市治理过程中,加大跨部门数据的开放度,以促进人群健康和促进经济社会发展为主线,连通各系统数据,强化回归分析和风险预测应用功能
第三十三章/第一节　持续推进节能、节地、节水、节材/第二节　提高应对气候变化能力/第三节　全面建设低碳社会/第五节　强化资源综合利用	行为方式、政策制度	文献显示,绿色低碳生活方式的养成需要多举措促成,单凭倡导难以奏效	建议加大立法力度,形成绿色低碳生活的约束和激励机制
第九篇/第三十五章　增强基本公共服务能力/专栏16:民生福祉改善工程/2. 养老服务工程	养老服务、卫生服务	《杭州市2018年老龄事业统计公报》显示,截至2018年年底(户籍人口),全杭州市仅80岁及以上高龄老人就达到27.93万人,占老年人口的16.01%。失能老人3.14万人,半失能老年人6.92万人。但是全市现有养老机构300家(包含民营),床位数仅6.9万张,机构养老缺口巨大	因此建议大力发展和完善社区居家养老体系建设,推进社区日间照料场所建设,推动医养结合
专栏16:民生福祉改善工程/4. 社会保障工程	社会保障	多种保障福利仅限户籍人口享有,加剧了健康不公平	建议保障覆盖面逐步从户籍人口扩大至常住人口
6. 教育提升工程	教育	中小学阶段养成的健康生活行为习惯影响是终身性的	建议加大健康促进学校建设,推动学校健康教育体系建设

续表

规划文本	对应的健康决定因素	描述潜在的健康影响	提出的政策修改建议（理由）
7. 百姓安居工程	人居环境、生活行为	文献显示，居民区油烟直排会增加小微环境 $PM_{2.5}$ 浓度，陈旧供水管网增加饮用水污染风险，农村居民不良生活行为习惯影响健康水平	建议在城中村改造等百姓安居工程中，及时纳入厨房油烟直排改造、饮用水管网改造，以及加大对新城市居民的健康素养干预
9. 全民健身工程	健身设施	全民健身工程	建议积极落实新建居民区配套体育健身场地面积要求，推动公办体育场馆在非备赛时段和非比赛时段对外免费开放
第三十六章／第二节构建终身职业培训体系	教育	杭州市当前居民健康素养水平为34.9%。其中，传染病和基本医疗素养水平均不足30%。文献显示，针对高危岗位的高危人群进行健康教育，有助于减少职业损害和控制意外伤害发生率	建议将职业病防治、传染病防治、意外伤害、健康生活方式等健康相关内容纳入职工和农民培训教育
第三十七章　优化收入分配格局	经济	文献显示，低收入群体遭受职业伤害、健康损害、意外伤害的概率远高于高收入群体	建议在优化收入分配格局的过程中，更加关注低收入岗位的职业安全防护落实情况
第三十八章　完善社会保障体系	社会保障	同第三十五章专栏16社会保障工程分析和建议	同第三十五章专栏16社会保障工程分析和建议
第十篇／第四十章　深化医疗卫生体系建设	医疗卫生服务	文献显示，多年来的医改措施多集中于改善可及性问题，公平性问题涉及不足。在患者调查过程中，反映最多的问题也依然集中在看病贵、医德医风和诊疗护理服务质量方面	建议“十四五”期间，全市医改应突出公立医院的“公益性”本质和“生物－心理－社会”医学模式的落地
第四十二章／第一节构建全民健身服务体系；充分利用旧厂房……，建设体育场馆……等场地设施	健身设施	旧厂房、仓库、老旧商业设施多位于较为偏僻的区域，存在安全隐患	改建体育健身场馆设施，需充分评估其可及性、利用效率和安全性

续表

规划文本	对应的健康决定因素	描述潜在的健康影响	提出的政策修改建议（理由）
第十一篇/第四十四章/第一节　推动基础教育优质均衡发展/第二节　提升高等教育发展水平/第三节　加快发展现代职业教育	教育	同第三十五章专栏16教育提升工程分析和建议	同第三十五章专栏16教育提升工程分析和建议
第四十五章/第一节倡导社会文明风尚	社会文明	文献显示，公共场所禁烟，二手烟暴露是反映一个地区居民文明风尚程度的重要指标之一	建议将公共场所禁止吸烟，降低二手烟暴露水平纳入社会文明风尚倡导范畴
第二节　着力打造学习型城市	文化氛围	打造学习型城市，除了学习工作技能还要学习生活生存技能	建议将健康生活方式相关内容纳入“满城书香”工程
第四十六章/第一节完善公共文化设施网络/第二节　推动公共文化服务均衡发展	文化设施、文化氛围	根据居民座谈和地方媒体广告监测数据显示，市、县等地方电视台含有大量文案措辞夸张的保健品电视购物促销广告。造成多起老年人上当受骗案例	建议在完善公共文化设施网络和推动公共文化服务的过程中，及时跟踪监测违规广告，保护弱势受众的生命财产安全

4. 专家咨询　基于文献研究及定性访谈和大数据匹配分析，对社会学、公共管理学、社会医学与卫生事业管理学、健康教育与健康促进等领域的专家进行咨询，以确定健康影响评价的结果和建议，确保优化建议的科学性和严谨性。

（五）报告与建议

由市健康办整理汇总各位专家的意见和建议，参照表2-8形成“公共政策健康影响评价意见反馈表”（篇幅所限，不再另列表格，内容参照表2-10分析建议），并在此基础上，就正在编制的“十四五”规划提出总体反馈意见，一并提交市发改委。总体意见如下：

杭州市“十四五”规划草案（初稿）坚持确保一般公共预算新增财力2/3以上用于民生支出，体现了以人民为中心的发展理念。草案拟定规划项目着重改善广大居民学习、工作和生活环境，提升城市发展品质，极大地丰富了中国特色社会主义制度优越性的内涵。根据健康中国战略有关要求、大健康建设内涵理念和新时代卫生健康工作方针等有关内容，专家组形成以下健康影响评价意见和建议。

1. 习近平总书记在全国卫生健康大会上强调“将健康融入所有政策”“把人民健康放在优先发展的战略地位”，因此建议在编制“十四五”规划“指导思想”或“工作原则”部分，增加“健康优先”或“将健康融入所有政策”的表述。

2. 习近平总书记在2020年6月专家学者座谈会上指出，“要推动将健康融入所有政策，把全生命周期健康管理理念贯穿城市规划、建设、管理全过程各环节"。杭州肩负着成为"展示中国特色社会主义制度优越性的窗口"的历史和政治使命。建议积极推动大健康领域专家全程参与"十四五"规划的编制过程，将健康元素全面融入全市规划、建设和管理的全过程各环节。

3. 杭州作为改革开放的先行地，"十四五"规划文本具有一定的引领意义，建议相关规划指标的确定应突破既有条线上的统计口径限制，数据应以反映实际现状为准，明确以常住人口作为国民经济和社会发展各领域的统计分析基数的重要性，为全市精准决策，提供精准依据。

4. 相关章节文本健康影响评价分析和建议详见附表。

请贵委将后期采纳情况及时反馈我办。

杭州市健康办

2020 年 9 月

（六）提交备案

鉴于"十四五"规划草案文本尚处于编制过程中，因此，本次健康影响评价选择"十三五"规划为模版，按照标准化流程形成"十三五"规划文本健康影响评价反馈意见，同时，对"十四五"规划编制提出总体反馈意见，一并以行政公文的形式反馈市发改委备案。

（七）评价结果的使用

市发改委在主持编制"十四五"规划的过程中，充分吸收了"十三五"规划健康影响评价反馈意见，多轮征求市健康办意见，文本草案编制充分融入健康直接或间接元素，指标上将健康环境、服务等指标纳入重要指标体系，内容上编制了健康城市打造行动和健康中国示范区等章节。

（八）监测评估

依托杭州城市大脑平台，市健康办将建立城市健康治理监测评价体系，对"十三五"规划涉及的健康环境、健康文化、健康社会、健康服务、健康人群、健康产业等领域进行周期性监测，并结合电视台"民意直通车""我们圆桌会"以及电台"民情热线"和信访等途径收集相关群体的健康诉求，为"十四五"规划的编制，提供科学精准的决策依据。

案例二 《宜昌市城区菜市场提质惠民三年行动实施方案（2018—2020年）》健康影响评价

一、背景

"民以食为天"，菜市场作为社区居民生活的重要组成部分，以专门的经营场所提供蔬菜、水果、水产品、禽类、肉类、粮食、豆制品、熟食、调味品等农产品与食品的零售经营。长久以来，菜市场在居民的生活中占据着非常重要的地位，如今已成为社会经济发展的风向标，更是城市综合形象的展示窗口。作为城市公共服务的重要基础设施，菜市场为居民提供便捷服务的同时，也面临着环保配套设施不足、环境卫生状况不佳等问题。我国政府历来十分重视民生发展，为解决菜市场既存问题，各省市相继出台相关政策以提高、改善我国菜市场的建设和服务质量。

为切实满足人民群众日益增长的美好生活需要，持续推进和深化宜昌市城区菜市场提质惠民建设工作，进一步巩固文明城市创建成果，宜昌市政府按照《健康中国 2030 规划纲要》《健康中国行动(2019—2030 年)》《国家卫生城市标准》等要求，依据商务部颁布的《标准化菜市场设置与管理规范》和《农贸市场建设标准》《中华人民共和国传染病防治法》《突发公共卫生事件应急条例》，制定出台了《宜昌市城区菜市场提质惠民三年行动实施方案(2018—2020 年)》(以下简称"行动方案")。

根据宜昌市人民政府《关于印发宜昌市公共政策健康影响评价实施方案(试行)》的通知精神，宜昌市健康办在协商相关部门后，选择对"行动方案"实施健康影响评价，具体由健康宜昌专家委员会负责进行。

二、健康影响评价实施过程

(一) 成立健康影响评价工作组，实施培训

根据项目领域，健康宜昌专家委员会从专家库中选择来自公共卫生、食品安全、健康教育、卫生统计、流行病、农贸市场管理等方面的 6 名专家成立"行动方案"健康影响评价工作组。同时邀请"行动方案"起草部门(市商务局)及菜市场相关负责人共同参加针对健康影响评价相关概念及实施方法路径的培训，统一认知和标准。培训内容基于《健康影响评价实施操作手册(2019 版)》。

(二) 筛选

评价工作组 6 位专家基于"行动方案"文本，参照健康决定因素清单(示例)(表 2-2)和健康影响评价筛选清单(表 2-11)集体讨论完成筛选。筛选确定：有必要从菜市场建设与管理、经营与服务、环境与卫生、传染病防制与卫生管理四个角度，针对吸烟、收入和员工福利、职业危险性、空气、噪声、疾病媒介、火灾、交通危险性、食物资源和其安全性、交通、垃圾处理系统和急救反应在内的健康决定因素，对"行动方案"进行健康影响评价，具体筛选意见参见表 2-12。

表 2-11　健康影响评价筛选清单及结果汇总

问题	专家回答		
	是	不知道	否
1. 该政策是否可能对健康产生消极影响	(2/6)		(4/6)
2. 该政策是否可能对健康产生积极影响	(6/6)		
3. 潜在的消极或积极健康影响是否会波及很多人(包括目前和将来)	(6/6)		
4. 潜在消极健康影响是否会造成死亡、伤残或入院风险	(6/6)		
5. 对于残疾人群、流动人口、贫困人口等弱势群体而言，潜在的消极健康影响是否会对其造成更为严重的后果	(6/6)		
6. 该政策对经济社会发展有较大影响	(5/6)		(1/6)
7. 该政策对公众的利益有较大影响	(6/6)		
8. 该政策是否会成为公众或社会关注的焦点	(4/6)		(2/6)
是否进行健康影响评价　☐ 是(6/6)　☐ 否			

表 2-12　健康影响评价筛选意见汇总表

<table>
<tr><td>政策名称</td><td colspan="5">《宜昌市城区菜市场提质惠民三年行动实施方案(2018—2020 年)》</td></tr>
<tr><td>起草部门</td><td colspan="5">宜昌市商务局</td></tr>
<tr><td>报送部门</td><td colspan="5">健康宜昌专家委员会</td></tr>
<tr><td>筛选方法</td><td colspan="5">专家咨询、小组会议</td></tr>
<tr><td colspan="6">评议组筛选意见汇总(300~500 字)
《宜昌市城区菜市场提质惠民三年行动实施方案(2018—2020 年)》是改善市场环境、完善城市功能、提升城市品位的实施方案,同时也更好地满足人民群众日益增长的美好生活需要。
对《宜昌市城区菜市场提质惠民三年行动实施方案(2018—2020 年)》的健康影响评价,可通过调查评估宜昌市城区新建或改造升级菜市场等形式,从菜市场建设与管理、经营与服务、环境与卫生、传染病防制与卫生管理四个角度,针对吸烟、收入和员工福利、职业危险性、空气、噪声、疾病媒介、火灾、交通危险性、食物资源和其安全性、交通、垃圾处理系统和急救反应在内的健康决定因素进行,从而为进一步改进提升宜昌市城区菜市场提质惠民方案提供行动依据</td></tr>
<tr><td colspan="6">参与评价专家及成员签字:

日期</td></tr>
<tr><td colspan="6">投票结果统计</td></tr>
<tr><td rowspan="2">参与人数</td><td colspan="3">投票结果</td><td colspan="2" rowspan="2">结论:是否开展健康影响评价</td></tr>
<tr><td>同意</td><td>反对</td><td>弃权</td></tr>
<tr><td>6</td><td>6</td><td>0</td><td>0</td><td>是√</td><td>否</td></tr>
</table>

(三) 分析评估

根据筛选意见,专家组在对“行动方案”文本进行通读分析基础上,采用文献资料收集、现场走访和考核、定性访谈和定量调查的方法,对“行动方案”发布实施后的健康影响进行了评估,并提出相关改进建议。

1. 收集现有资料　收集整理宜昌市菜市场建设的相关资料。

2. 现场考核　采用随机抽样的方法,从宜昌市西陵区、伍家区、高新区、点军区和猇亭区中各随机抽取一家菜市场,共 5 家菜市场进行实地走访与现场考核,一次性获得需要的研究数据。

考核内容包括菜市场的建设与管理、经营与服务、环境与卫生、传染病防制与卫生管理四个方面,其中“建设与管理”从消防质量(15 分)和管理质量(10 分)两个方面进行评价,包括防火疏散通道、消防器材、管理制度等;“经营与服务”从质量规范(10 分)和服务规范(15 分)两个方面进行评价,包括农药残留检测、服务管理、投诉、公示公告等;“环境与卫生”从环境卫生(25 分)和从业人员卫生(10 分)两个方面进行评价,包括日常清洁、垃圾处理、直接入口食品柜台设置等;“传染病防制与卫生管理”从日常监测角度(15 分)进行评价,包括健康知识或传染病知识宣传、市场环境消毒等。

3. 管理人员访谈 选择5家菜市场主要管理人员，从公共场所吸烟管理、环境整治、火灾时群众疏散、垃圾回收处理、监督服务等角度进行访谈，了解①各菜市场在环境整治、垃圾处理、监督服务、突发事件应对等方面开展的工作与能力；②从菜市场管理人员角度评价菜市场"提质惠民"项目的实施效果；③从菜市场管理人员角度了解菜市场"提质惠民"所面临的困难与改进意见。

4. 问卷调查 包括禽肉类、水产经营人员调查和居民满意度调查两个部分，选择宜昌市城区新建或改造升级的菜市场，由接受过统一培训的调查员进行。

(1) 禽肉类、水产经营人员调查：5家菜市场中所有从事禽肉类、水产经营的人员。内容包括个体健康状况、防护能力、收入情况及对"提质惠民"工程的满意度等。

(2) 居民满意度调查：采用方便抽样的方法，在5家菜市场选择了33位居民进行调查。内容包括居民对城区新建或改造菜市场的环境卫生、管理水平、诚信经营等方面的满意度。

(四) 报告与建议

1. 宜昌市城区菜市场提质惠民行动是一项民生工程，自2018年启动以来取得明显成效。

(1) 优化了菜市场的环境卫生。通过改造老旧菜市场，一改菜市场以往脏、乱、差的形象，改善消费者的购物环境和经营人员的工作环境，对健康促进产生一定积极影响。

(2) 菜市场更加注重人性化服务。各菜市场通过设置休息室、全覆盖Wifi、便民通道、无障碍公厕等便民措施，极大提升了消费者的购物体验与品质。

(3) 提升了菜市场的经营服务能力。各菜市场通过统一配备检测室、检测设备、公平秤，建立、畅通消费者投诉渠道等形式，优化、规范菜市场的服务与质量，营造诚信经营与温馨服务的菜市场氛围。

(4) 经营人员的自我防护意识增强、收入福利有一定提高。调查发现，各菜市场禽肉类、水产经营人员的自我防护意识较高，出现咳嗽、发热等症状时几乎都能及时、正确处理；近90%的禽肉类、水产经营人员表示菜市场改造后营业额小幅增长或较以往持平；31.58%的经营人员表示市场会提供奖励或其他福利。

(5) 宜昌市居民对城区菜市场提质惠民行动满意度高。超过96%的居民持非常满意或满意的态度，超过89%的禽肉类、水产经营人员持非常满意或满意的态度。在菜市场各项管理中，环境卫生的满意度超过93%，功能布局的满意度超过96%，管理水平和经营能力的满意度均超过87%。

2. "行动方案"在发布实施过程中，尚有一些不足之处，详见表2-13。

3. 健康影响评价的结论 本次对《宜昌市城区菜市场提质惠民三年行动实施方案(2018—2020年)》的健康影响评价，属于政策出台后的效果评价，从目前评价结果看，可继续推行，应从细节处进一步提升，并加快推进该工程。针对各菜市场的实际情况及健康不利影响，应采取相应措施从细节处提升工程品质，实现各区、各菜市场的协调发展，防止健康不公平现象的发生。其中，针对消费者、经营人员和管理人员三方的意见与建议，各菜市场应做以下针对性改进，并将该改进措施举一反三，进行推广。具体意见参见表2-14。

表 2-13 《宜昌市城区菜市场提质惠民三年行动实施方案(2018—2020 年)》健康影响评价分析评估表(专家组)

三年行动实施方案	对应的健康决定因素	描述潜在的健康影响	提出的修改建议
二、目标任务/(一)建设达标	传染病防控、卫生健康服务	现场调研中发现点军区江南新城菜市场,开业一周,暂未设立宣传栏、公示栏等标识,计划一周内安装	按照建设要求规范建设
	环境	现场调研中发现伍家区宜港菜市场,工程未验收,暂时未设置投诉箱、投诉电话	按照建设要求规范建设
二、目标任务/(二)管理规范	健康生活方式、交通安全性、环境	现场调研中发现伍家区宜港菜市场:商户拖欠租金;菜市场楼上居民的下水流入菜市场,无人看管;菜市场对面的消防通道被占用做成商铺,无租金,无卫生费,无法管理;无停车位,无电车充电桩	加强对商户的培训,提升服务质量;希望得到职能部门的支持配合,必要时需要城管、街办等部门提供相关法律、处罚条例
	交通安全、工作环境	高新区八〇九菜市场,调研中发现停车不便利	优化菜市场功能结构,改善停车不方便的现象
	工作生活因素、环境因素、食品生产加工	现场调研中发现猇亭区中心菜市场存在木板搭建售卖台;管理人员不足	同步建设与管理,出台新的管理办法;统一制作不锈钢售卖台,禁止搭建木板售卖台
	病媒生物管理	现场调研中发现点军区江南新城菜市场,开业一周,暂未开展媒介生物管理工作	按照工作要求规范开展病媒生物监测与服务工作
二、目标任务/(三)经营专业	健康服务	西陵区四〇三菜市场,现场调研中消费者反映菜价偏高	以相关形式向消费者进行价格公示或解释说明

(五)提交备案

"行动方案"健康影响评价专家组在完成评价工作后,就主要改进建议填写健康影响评价意见反馈及备案表(表 2-14),连同报告提交至健康宜昌专家委员会,并由其上交宜昌市健康办进行备案。

(六)评价结果的使用

宜昌市健康办将"行动方案"健康影响评价结果及结论反馈宜昌市商务局,供决策参考。宜昌市商务局全部采纳健康影响评价建议,并将其建议纳入菜市场验收整改措施,同时也将建议提炼成标准,纳入宜昌市纵深推进爱国卫生运动月度综合测评(宜昌市商务局)考核标准中。

(七)监测评估

将依据健康宜昌建设工作要点、纵深推进爱国卫生运动月度综合测评体系、健康宜昌管理大数据平台,对宜昌市农贸市场建设情况进行监测评估,为推进并完善《宜昌市城区菜市场提质惠民三年行动实施方案(2018—2020 年)》的落实,提供精准的科学依据。

表 2-14 健康影响评价意见反馈及备案表

<table>
<tr><td>政策名称</td><td colspan="3">宜昌市城区菜市场提质惠民三年行动实施方案(2018—2020 年)</td></tr>
<tr><td>政策起草部门</td><td colspan="3">宜昌市商务局</td></tr>
<tr><td>报送备案部门</td><td colspan="3">宜昌市健康办</td></tr>
<tr><td colspan="4">健康影响评价意见汇总
针对消费者、经营人员和管理人员三方的意见与建议,各菜市场可做以下针对性的改进,并可将该改进措施举一反三,进行推广。
(1) 完善传染病或科普知识栏;规范菜市场服务,针对消费者反映的菜价偏高的问题应采取应对措施,以相关形式向消费者进行价格公示或解释说明,尽快完善公示栏等;规范菜市场服务,尽快完善投诉箱和投诉电话。
(2) 对菜市场通道内停放的机动车进行规范管理;采取相关措施对菜市场出入口停放的机动车进行规范管理,或划分专用停车区域;优化菜市场功能结构,改善停车不方便的现象。
(3) 加强菜市场卫生管理工作,设立健康科普宣传栏,开展媒介生物的管理工作。
(4) 应加快菜市场“提质惠民”工程进度,完善消防栓、灭火器等消防设施,及时检查、修复受损设施;建设统一的垃圾房。
(5) 应进一步加强菜市场的环境卫生工作,保持地面干燥;提倡诚信经营,规范经营管理</td></tr>
<tr><td colspan="4">专家组组长:
参与专家:

提交日期:</td></tr>
<tr><td>备案人(签字)</td><td></td><td>备案日期</td><td></td></tr>
</table>

(**撰　　写** 张　萌　吕战胜　钱　玲　卢　永;
案例提供 王建勋　李金涛　刘晓俊　刘继恒;
审　　核 吕战胜　史宇晖　卢　永)

主要参考文献

[1] 中国健康教育中心 . 健康影响评价理论与实践研究[M]. 北京:中国环境出版集团,2019.

[2] 中国健康教育中心 . 健康影响评价实施操作手册(2019 版)[M]. 北京:人民卫生出版社,2020.

[3] 顾建光 . 公共政策分析概述[M]. 上海:上海人民出版社,2007.

[4] 杭州市人民政府办公厅 . 杭州市人民政府办公厅关于印发杭州市公共政策健康影响评价试点实施方案(试行)的通知[EB/OL].(2019-12-04)[2021-10-28]. http://www.hangzhou.gov.cn/art/2019/12/4/art_1256295_40752791.html

[5] 李丹,刘俊升 . 健康心理学[M]. 上海:上海教育出版社,2014.

[6] 李鲁,吴群红 . 社会医学[M]. 4 版 . 北京:人民卫生出版社,2013.

[7] 娄伟. 情景分析方法研究[J]. 未来与发展,2012(9):17-26.
[8] 杨克敌. 环境卫生学[M]. 8版. 北京:人民卫生出版社,2017.
[9] 宜昌市人民政府办公室. 宜昌市人民政府办公室关于印发宜昌市公共政策健康影响评价实施方案(试行)的通知[EB/OL]// 宜昌市人民政府公报,2018,164(05).[2021-10-28].
https://mall.cnki.net/magazine/magadetail/AYCS201805.htm;jsessionid=541719887BA537328A5E02229DDD7E49.
[10] 宜昌市人民政府办公室. 关于印发宜昌市城区菜市场提质惠民三年行动实施方案(2018—2020年)的通知[EB/OL].(2018-4-21)[2021-10-28].
http://xxgk.yichang.gov.cn/show.html? id=205384&depid=846.
[11] 宜昌市人民政府. 宜昌市列出爱国卫生运动"工作清单"[Z/OL].(2020-3-31)[2021-10-28].
http://www.yichang.gov.cn/html/zhengwuyizhantong/zhengwuzixun/jinriyaowen/2020/0331/1020354.html.
[12] 周伟林,严冀. 城市经济学[M]. 上海:复旦大学出版社,2006.
[13] 周文. 城市经济学[M]. 北京:中国人民大学出版社,2014.

第三部分

重大工程项目健康影响评价技术指南及参考案例

健康影响评价（HIA）最初由环境影响评价（EIA）制度衍生而来。20世纪80年代开始，人们意识到健康状态受包括社会、文化和物质环境以及个人行为特征在内的多种因素影响。WHO提出了环境健康影响评价（EHIA）的概念，在环境影响评价评估过程中加入了健康评估的内容。自1979年我国建立环境影响评价制度至今，我国环境影响评价制度在制度建设、技术方法研究及人才培养等方面不断得到完善，并且已形成较完整的评价体系。但是，作为环境影响评价制度一部分的健康影响评价却发展缓慢，环境影响评价中对人类健康的预测评价普遍缺失或十分薄弱。

《"健康中国2030"规划纲要》明确提出"全面建立健康影响评价评估制度，系统评估各项经济社会发展规划和政策、重大工程项目对健康的影响"。因此本部分指南旨在针对重大工程项目（即可能造成重大环境影响，应当编写环境影响报告书，对产生的环境影响进行全面评价的建设项目），讨论在现有环境影响评价管理流程和工作流程中如何切入健康影响评价，以帮助项目主管部门和建设运营单位预见不同的选择将如何对健康产生影响，促使他们在选择时充分考虑健康结果。

无论是独立开展评价或是将其融合在环境影响评价之中，健康影响评价的实施流程是一致的。

1　有关环境影响评价的内容简介

1.1　环境影响评价的根本目的

环境影响评价的提出始于1964年在加拿大召开的国际环境质量评价会议。环境影响评价要求人们在采取对环境有重大影响的行动之前，应在充分调查研究的基础上，识别、预测和评价该行动可能带来的影响，按照社会经济发展与环境保护相协调的原则进行决策，并在行动之前制定出消除或减轻负面影响的措施。环境影响评价的根本目的是鼓励在规划和决策中考虑环境因素，最终达到更具环境相容性的人类活动。环境影响评价是一个不断评价和不断完善决策的过程，一般分为环境质量评价（主要是环境现状质量评价）、环境影响预测与评价以及环境影响后评估。依据《中华人民共和国环境影响评价法》，环境影响评价是指对规划和建设项目实施后可能造成的环境影响进行分析、预测和评估，提出预防或者减轻不良环境影响的对策和措施，进行跟踪监测的方法和制度。

1.2　环境影响评价的范围

《中华人民共和国环境影响评价法》第三条说明了规划和建设项目环境影响评价的范围。

（1）规划的环境影响评价范围：在第七条和第八条规定了国务院有关部门、设区的市级以上地方人民政府及其有关部门，对其组织编制的土地利用的有关规划和区域、流域、海域的建设、开发利用规划（以下称综合性规划），以及工业、农业、畜牧业、林业、能源、水利、交通、城市建设、旅游、自然资源开发的有关专项规划（以下称专项规划），应当进行环境影响评价。

第九条则要求，依照第七条和第八条的规定进行环境影响评价的规划的具体范围，由国务院生态环境主管部门会同国务院有关部门规定，报国务院批准。

（2）建设项目环境影响评价的范围：是指在中华人民共和国领域和中华人民共和国管辖的其他海域内建设对环境有影响的项目，应当进行环境影响评价。

1.3　环境影响评价的内容

1.3.1　规划环境影响评价的内容

规划环境影响评价是指在规划编制阶段，对规划实施可能造成的环境影响进行分析、预测和评估，并提出预防或者减轻不良环境影响的对策和措施的过程。

依照《规划环境影响评价条例》，规划环境影响评价的内容主要包括以下三方面，即分析、预测和评估规划实施可能对相关区域、流域、海域生态系统产生的整体影响；规划实施可能对环境和人群健康产生的长远影响；规划实施的经济效益、社会效益与环境效益之间以及当前利益与长远利益之间的关系。规划环境影响评价作为规划草案的组成部分一并报送规划审批机关。

综合性规划和专项规划中的指导性规划（即以发展战略为主要内容的专项规划），应当根据规划实施后可能对环境造成的影响，编写环境影响篇章或者说明。内容包括：

(1) 规划实施对环境可能造成影响的分析、预测和评估：主要包括资源环境承载能力分析、不良环境影响的分析和预测以及与相关规划的环境协调性分析。

(2) 预防或者减轻不良环境影响的对策和措施：主要包括预防或者减轻不良环境影响的政策、管理或者技术等措施。

专项规划编制环境影响报告书。专项规划的环境影响报告书除包括以上2点内容之外，还包括：

(3) 环境影响评价的结论：即规划草案的环境合理性和可行性，预防或者减轻不良环境影响的对策和措施的合理性和有效性，以及规划草案的调整建议。

1.3.2 建设项目环境影响评价的内容

建设项目对环境的影响是指建设项目实施后可能对环境中不同环境要素造成程度不同的影响，这些要素包括大气、水、声环境、土壤、生态环境等。对这些环境要素的影响评价统称为单项环境影响评价。各单项环境影响评价可划分为三个工作等级，不同要素划分等级的要求不一，依照相应单项环境影响评价的技术指导执行。不同的环境影响评价工作等级，要求的环境影响评价深度不同。对于一级评价，要对单项环境要素的环境影响进行全面、详细和深入的评价，对该环境要素的现状调查、影响预测、评价影响和提出措施，一般都要比较全面和深入，并应当采用定量化计算的描述来完成。对于二级评价，要对单项环境要素的重点环境影响进行详细、深入评价，一般要采用定量化计算和定性的描述来完成。对于三级评价，对单项环境要素的环境影响进行一般评价，可以通过定性的描述来完成。

对一个建设项目，可以按照图3-1中所列内容，逐项开展工作，并最终完成建设项目的环境影响评价文件，包括环境影响报告书、环境影响报告表和环境影响登记表。

建设项目的环境影响报告书应当包括以下内容：①建设项目概况；②建设项目周围环境现状；③建设项目对环境可能造成影响的分析、预测和评估；④建设项目环境保护措施及其技术经济论证；⑤建设项目对环境影响的经济损益分析；⑥对建设项目实施环境监测的建议；⑦环境影响评价的结论。由于建设项目根据其对环境的影响程度进行了环境影响评价的分类管理(参见本部分1.4)，因此不同的环境影响评价文件内容、详细程度可以根据实际情况适当增加、简化或减少。但是，图3-1中所标注的“步骤①”到“步骤④”的内容是进行环境影响预测评价的基础，一般必须完成。

对于一项整体建设项目的规划，按照建设项目进行环境影响评价，不再进行规划的环境影响评价。已经进行了环境影响评价的规划包含具体建设项目的，规划的环境影响评价结论应当作为建设项目环境影响评价的重要依据，建设项目环境影响评价的内容应当根据规划的环境影响评价审查意见予以简化。

1.4 建设项目环境影响评价的分类管理

《中华人民共和国环境影响评价法》要求，根据建设项目对环境的影响程度，对建设项目的环境影响评价实行分类管理。

(1) 可能造成重大环境影响的，应当编制环境影响报告书，对产生的环境影响进行全面评价；

(2) 可能造成轻度环境影响的，应当编制环境影响报告表，对产生的环境影响进行分析或专项评价；

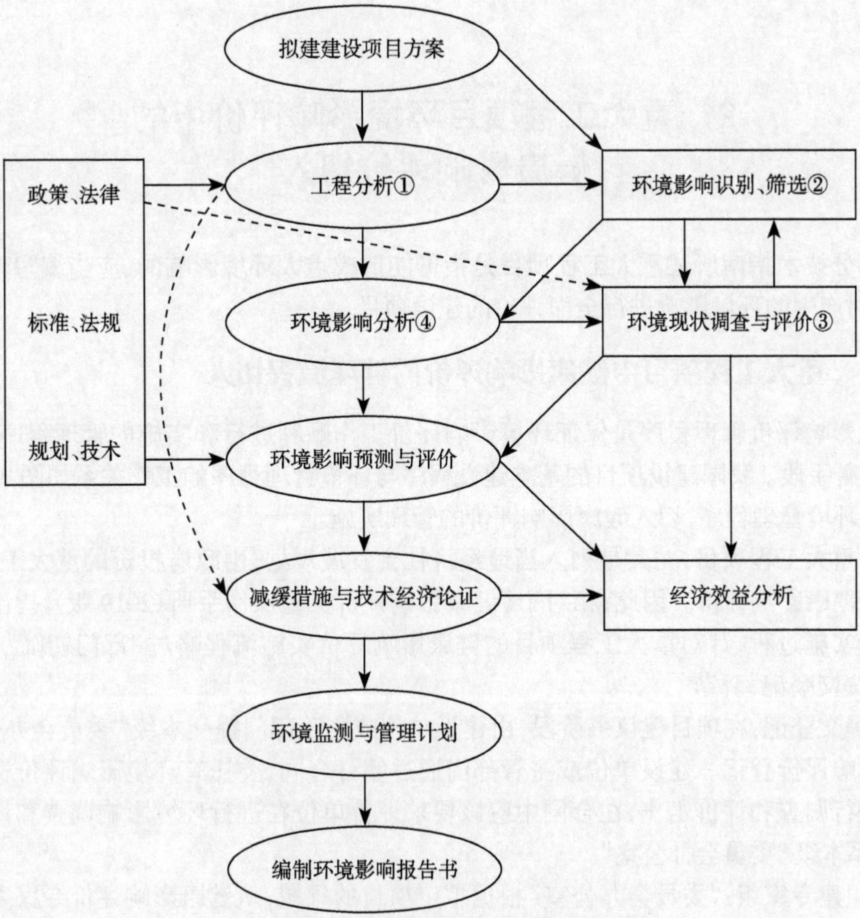

图 3-1　建设项目环境影响评价工作内容

(3) 对环境影响很小、不需要进行环境影响评价的，应当填报环境影响登记表。

评价工作的重点也因类而异。对新建项目，评价重点主要是解决合理布局、优化选址和总量控制；对扩建和技术改造项目，评价的重点在于搞清楚工程实施前后可能造成的影响及“以新带老”，加强原有污染治理、改善环境质量。

生态环境主管部门应当对建设项目投入生产或者使用后所产生的环境影响进行跟踪检查，对造成严重环境污染或者生态破坏的，应当查清原因、查明责任。

2 重大工程项目环境影响评价中的健康影响评价切入

本部分技术指南所述重大工程项目是指可能造成重大环境影响的、应当编写环境影响报告书，对产生的环境影响进行全面评价的建设项目。

2.1 重大工程项目中健康影响评价的管理流程切入

环境影响评价管理程序是保证环境影响评价工作顺利进行和实施的管理程序，是管理部门的监督手段。我国建设项目的基本建设程序与环境管理程序的工作关系如图 3-2 所示。根据这一环境管理程序，切入健康影响评价的管理实施。

针对重大工程项目，尤其是列入当地经济社会发展规划，由政府投资的重大工程项目，必须进行健康影响评价。因此，相对于《健康影响评价实施操作手册(2019 版)》提出的健康影响评价实施过程，针对重大工程项目的健康影响评价实施流程略过“部门初筛”环节，直接进入“提交登记”环节。

(1) 提交登记：在项目建议书阶段，由建设单位或主管部门提交本级“委员会办公室”进行健康影响评价登记。建设单位或主管部门通过签订合同，委托有环境影响评价资格证书的单位进行调查和评价工作，在合同中应该要求评价单位在进行环境影响调查和评价工作之前，联系本级“委员会办公室”。

(2) 组建专家组：“委员会办公室”根据拟定项目的领域，从健康影响评价专家委员会中遴选相关领域专家，组建健康影响评价专家组。为充分发挥专家领域和学科优势，保证健康影响评价结果的客观、公正、科学，可采用“(2+X)模式”来组建专家组，其中“2”为卫生健康领域(结合项目选择环境卫生、职业卫生、健康促进与健康教育、传染病防治和流行病学等领域)和法律法规领域专家，“X”为根据拟定政策所涉及领域，选择相关学科专业的专家(结合项目选择环境工程、环境科学、生态学、化学、应用化学、生物科学、资源环境与城乡规划管理、大气科学、给水排水工程、水文与水资源工程、化学工程与工艺、生物工程、农业建筑环境与能源工程、森林资源保护与游憩、野生动物与自然保护管理、水土保持与荒漠化防治、农业资源与环境、土地资源管理相关专业的专家)。专家组人数以“奇数”定员，原则上不少于 5 人，根据实际情况确定。必要的情况下，选择可能受拟定政策影响的人群代表参加阶段性的讨论。

(3) 筛选、分析评估、报告与建议：由专家组按照健康影响评价实施流程完成后续筛选、分析评估和报告建议工作。健康影响评价专家组和环境影响评价单位协同进行调查和评价，互相共享项目相关资料以及评价内容和结果。

(4) 评估结果备案及使用：针对所有拟定重大工程项目的健康影响评价报告均须提交至“委员会办公室”进行备案。对于没有通过健康影响评价的拟定重大工程项目，需要根据健康影响评价建议进一步修改完善项目建议书，且经过健康影响评价专家组再次审核确认。项目建设和/或运营单位在收到重大工程项目健康影响评价反馈意见后，需按照相关建议

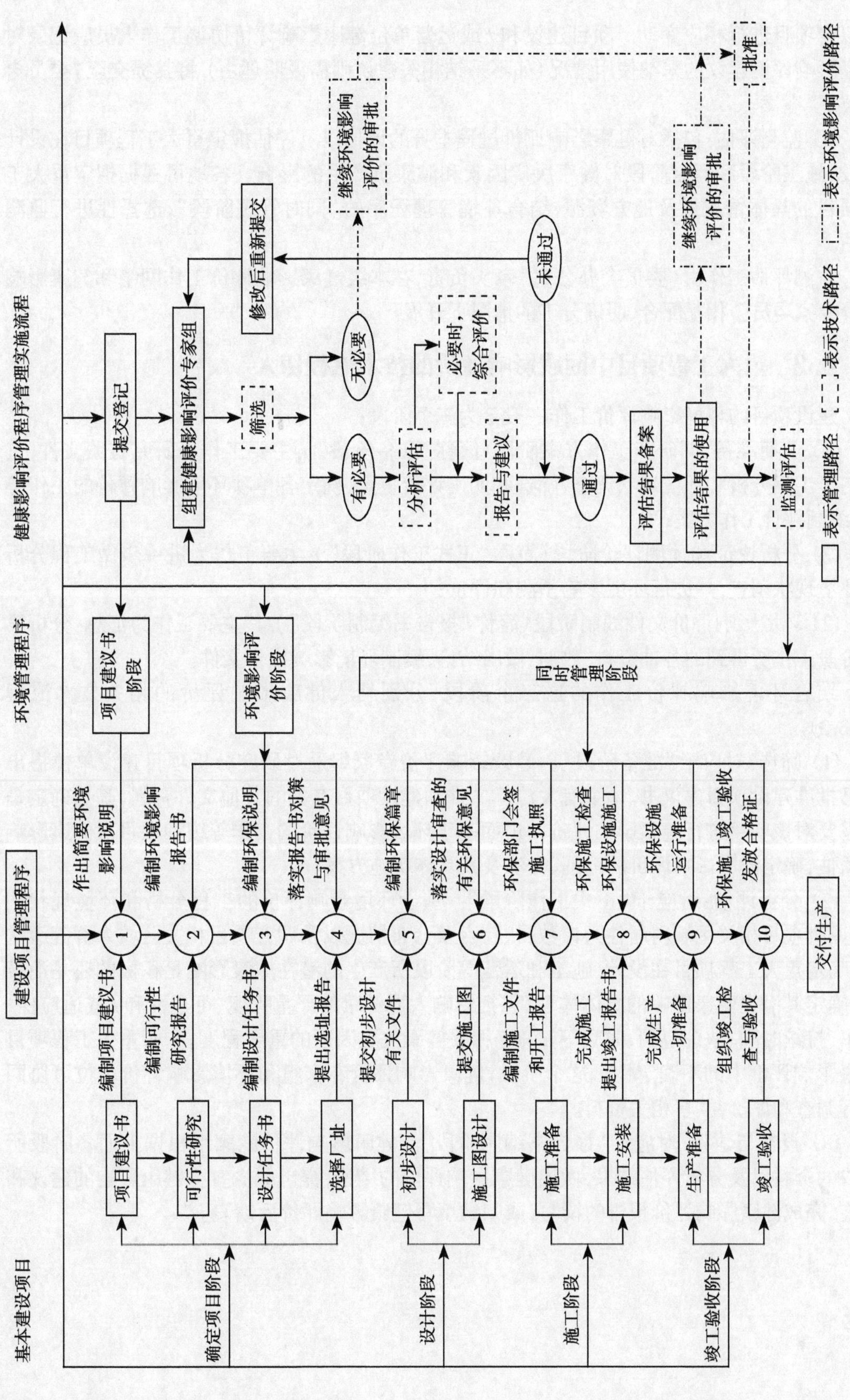

图 3-2　重大工程项目中健康影响评价的管理流程切入图

对拟定项目进行相应变动。项目建设和 / 或运营单位健康影响评价协调工作人员应记录对健康影响评价建议的采纳使用情况（如不采纳相关建议则需说明理由），将其提交至“委员会办公室”备案。

(5) 监测评估：包括对健康影响评价过程本身的评估以及评估拟定重大工程项目在设计阶段、施工阶段和运营阶段对健康决定因素和健康所产生的影响。各地可根据拟定重大工程项目的具体情况以及地方资源，结合环境管理程序的“同时管理阶段”，选择性进行监测评估。

监测评估工作由“委员会办公室”牵头负责，在本级健康影响评价工作网络和健康影响评价专家委员会相互配合、明确分工的情况下开展。

2.2　重大工程项目中健康影响评价的技术流程切入

建设项目的环境影响评价工作一般分为三个阶段：

(1) 前期准备、调研和工作方案阶段（简称“准备阶段”）：主要工作为研究有关文件，进行初步工程分析和环境现状调查，筛选和明确评价重点，确定各单项环境影响评价的工作等级，编制评价工作方案；

(2) 分析论证和预测评价阶段（简称“正式工作阶段”）：主要工作为进一步做工程分析和环境现状调查，并进行环境影响预测和评价；

(3) 环境影响评价文件编制阶段（简称“报告书编制阶段”）：其主要工作为汇总、分析第二阶段工作所得到的各种资料、数据，做出结论，编制环境影响报告文件。

结合环境影响评价工作的这三个阶段，分别切入健康影响评价的相关技术流程（图 3-3）。

(1) 筛选：对应于“准备阶段”。健康影响评价专家组通过研究分析项目建设单位提出的已批准建设项目建议书、国家有关法律文件和建设项目有关的其他文件资料，筛选确定是否需要对该项目进行健康影响评价。进而基于环境影响评价的工作等级和项目对健康影响的预估，确定健康影响评价的范围、方法及其具体实施方案。

(2) 分析评估：对应于“正式工作阶段”。基于环境影响评价的工程分析和环境现状调查，调查项目相关区域内居住人口数目、特点及分布情况以及调查项目相关区域人群健康状况，确定重大工程项目在设计、施工和运营等阶段所产生的潜在健康影响是积极的还是消极的；确定其潜在健康影响的具体体现（包括影响人群健康的严重程度、可逆性和 / 或适应性、频率、持续时间、地理范围、时间等）；确定相关健康决定因素的重要程度；分析重大工程项目健康影响评价中的不确定性。这个阶段，健康影响评价专家组和环境影响评价单位可协同进行调查和评价，共享相关资料。

(3) 报告与建议：对应于“报告书编制阶段”。健康影响评价专家组根据上面各阶段所获取的资料以及分析评估结果，做出健康影响评价的结论，提出减少有害健康影响的建议和措施，完成健康影响评价报告的撰写，或归纳填写健康影响评价反馈表。

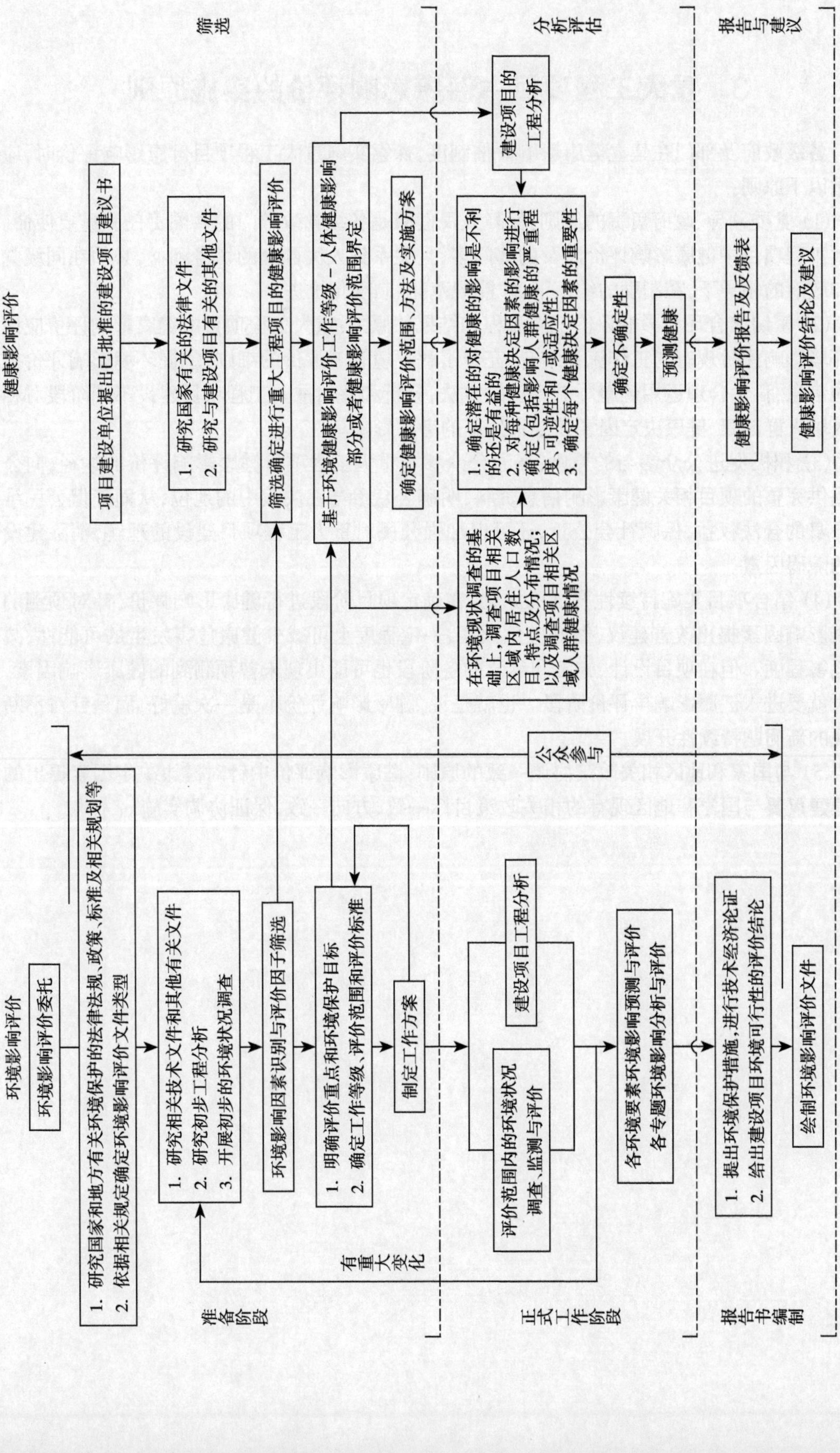

图 3-3　重大工程项目中健康影响评价的技术流程切入图

3 重大工程项目中健康影响评价的实施原则

各级政府及部门在建立健康影响评估制度，探索实施重大工程项目健康影响评价时，应遵循以下原则：

(1) 党委领导、政府负责的原则：保障人民健康是各级党政部门的共同责任和重要使命。重大工程项目中健康影响评价涉及的部门多，且关系到人民群众的切身利益，必须在同级党委和政府的领导下，在制度的约束下，才能规范化、制度化推进。

(2) 密切结合环境影响评价工作流程和结果的原则：重大工程项目中健康影响评价应该和环境影响评价现有的工作流程结合，充分了解环境影响评价的细则，掌握环境影响评价报告的信息，科学合理运用健康影响评价的方法，分析和评估重大工程项目建设不同阶段对相关区域人群健康、健康决定因素和健康公平的潜在影响。

(3) 积极促进公众参与的原则：畅通公众参与重大工程项目健康影响评价的途径，向公众提供完整的项目相关健康影响信息资料，明确公众参与在决策中的地位，从而确保公民维护自身的合法权益，保障社会公正，还可以加强公民对重大工程项目建设的理解，消除建设中的障碍因素。

(4) 结合项目实施持续性开展的原则：在确定项目阶段进行健康影响评价，针对预测的健康影响因素提出改善建议，做好应急预案，一定程度上可减少健康危害发生的可能性，减轻危害程度。但在项目设计、施工和运营的各阶段也可能出现未曾预测到的健康影响因素，此时就要进入健康影响再评价阶段。也就是说，健康影响评价不是一次就好，而是针对不断出现的新问题持续性开展。

(5) 与国家和地区相关政策协调一致的原则：健康影响评价中针对健康决定因素提出的改善建议要与国家和地区现有的相关政策目标一致、方向一致，保证协调实施。

4　重大工程项目中健康影响评价实施流程的关键环节

重大工程项目的健康影响评价实施过程包括以下三个阶段8个环节:①评价准备阶段:此阶段完成申请评价与备案受理(提交登记)、组建(评价)专家组两个环节;②评价实施阶段:完成筛选、分析评估、报告与建议三个环节;③评价结束及后续阶段:包括评价结果提交备案、评价结果的使用及监测评估三个环节。具体可参照《健康影响评价实施操作手册(2019版)》相关部分内容。

在此仅针对筛选、分析评估、报告与建议三个关键环节所涉及的重点内容进行描述,同时通过对工程项目所涉及健康决定因素的梳理,为针对性开展健康影响评价提供参考。

4.1　项目筛选

对于需要提请开展健康影响评价的重大工程项目,在项目建议书阶段,由建设单位或者主管部门提交本级"委员会办公室"进行受理登记。

建设项目在设计、施工和运营等各个阶段均可能对不同的健康决定因素或健康的不同方面产生影响。健康影响评价专家组的构建要依据项目涉及的重要健康问题和影响因素完成。"委员会办公室"根据拟定项目的领域,从健康影响评价专家委员会中遴选相关领域专家,组建健康影响评价专家组。由专家组按照健康影响评价技术流程完成筛选。

4.1.1　筛选的内容和原则

在重大工程项目健康影响评价的筛选中,应重点考虑的内容包括:项目是否对健康产生消极和/或积极影响;这些影响在目前或未来所波及的人群;潜在消极健康影响是否会造成死亡、伤残或入院风险;对于弱势群体(残疾人群、流动人口、贫困人口等)而言,这些潜在的消极健康影响是否会对其造成更为严重的后果;政府、社会及公众对项目的关注程度;项目对经济社会发展是否有较大影响;项目对公众利益是否有较大影响。

优先选择政府关注重点,社会关注度高,健康影响大,与民生密切相关,百姓特别关注的项目,进行健康影响评价。

4.1.2　筛选的方法

项目筛选通常以小组会议形式进行。参与筛选的专家和公众代表一起,推选评议组组长,并结合现有的相关文献资料,针对每一个问题讨论形成一致意见。

4.2　确定健康影响评价的内容

环境影响评价在我国已形成较完整的评价体系,但是,环境影响评价中对人类健康的预测评价相对比较薄弱甚至缺失。因此,针对重大工程项目的健康影响评价可切入环境影响评价流程,与其共享信息,同步并行;也可在梳理项目环境影响评价报告及相关结论的基础上进行,确定现有环境影响评价中涉及健康的相关因素,延伸分析其潜在健康影响;同时,对现有环境影响评价未涉及的影响人群健康内容,做补充分析。

本节依据环境影响评价文件对工程项目不同阶段以及不同类型工程项目的划分,对所涉及的健康决定因素清单进行梳理，为开展重大工程项目健康影响评价提供参考。

4.2.1 项目不同阶段的健康决定因素清单

项目开发建设是否对环境产生破坏与污染排出物是否符合国家环保标准是环境影响评价的重点内容。环境要素的改变同样是健康影响评价的关注内容之一，基于环境影响评价内容，重大工程项目的健康影响评价侧重于评价项目带来的人居环境的改变可能对人的健康、健康决定因素与健康公平产生的影响，在项目不同阶段适时预测评价。详见表 3-1。

表 3-1 项目不同阶段的健康决定因素清单

分阶段		人居环境的变化	环境因素	健康决定因素	图文 / 资料收集
EIA	HIA				
项目准备阶段	项目前期（设计和施工准备阶段）	征地、平整场地带来： (1) 田地征用影响原有种植户的收入与就业。 (2) 居民安置及赔偿问题可能会引起居民焦虑、不满等不良情绪。 (3) 平整场地改变了原有生态环境，影响局地小气候，同时存在引发动物疫源性疾病的可能。 (4) 征地、平整场地与施工道路的铺设改变了原有的道路交通，居民出行和服务可及性受到影响	(1) 局地小气候。 (2) 生物多样性。 (3) 地形改变	(1) 就业。 (2) 心理健康。 (3) 动物疫源性疾病；病媒生物；自然灾害。 (4) 服务利用的可及性和公平性 ……	(1) 项目建议书。 (2) 地图：原地形图、交通地图、居民居住点标注地图、地质图。 (3) 周边居民状况：人口学特征；经济来源；健康诊断。 (4) 居民投诉、上访情况
项目实施（施工 / 建设）阶段	施工 / 建设阶段	土建施工、设备安装与使用带来的影响： (1) 环境：噪声、粉尘、燃油废气、施工及生活垃圾（废水、固体垃圾、有害垃圾）的产生对邻近居民（包括弱势人群）及工人的影响。 (2) 施工人员的生活安置与职业防护（饮食、居住、传染病等）。 (3) 施工地区现有医疗服务能力。 (4) 建设后期的植被恢复 ……	(1) 环境污染。 (2) 环境绿化	(1) 废物处理；病媒生物；自然灾害。 (2) 基础卫生设施；治安 / 安全保障和应急响应；不安全性行为。 (3) 医疗卫生服务 ……	(1) 可行性报告：包含环境影响评价小结；公用设施情况；防洪防震、除“四害”等相应措施；企业组织、劳动定员和人员培训；医疗卫生服务可及性与承受力；工艺、设备的绿色友好性等。 (2) 植被恢复过程采用的绿化树种等与原有动植物生存环境的相容性。 (3) 居民 / 工人投诉、上访情况

续表

分阶段		人居环境的变化	环境因素	健康决定因素	图文/资料收集
EIA	HIA				
项目运营阶段	运营阶段	竣工验收和投产： (1) 环境：投产后产生的噪声、粉尘、燃油废气、异味等；项目运营产出物、废弃物、生活垃圾（废水、固体垃圾、有害垃圾）对土壤、水源地及居民生活的影响。 (2) 突发事件的应急处置：突发事件导致设备不能正常运行对居民健康的影响（包括弱势人群）。 (3) 职业防护。 (4) 施工地区现有医疗服务能力 ……	(1) 环境污染。 (2) 职业卫生	(1) 废物处理；病媒生物；自然灾害。 (2) 应急响应。 (3) 职业防护和健康管理；职业危害因素。 (4) 医疗卫生服务 ……	(1) 可行性报告：包含职工宿舍和必要的生产福利设施能够满足生产需要；环境保护设施、劳动安全卫生设施、消防设施与主体工程同时建成使用；工艺、设备的绿色友好；医疗卫生服务可及性与承受力等。 (2) 突发事件的应急预案。 (3) 居民/工人的建议与投诉情况

重大工程项目的健康影响评价，要掌握项目基本情况，可以参考环境影响评价小结和可行性报告小结进行描述。

(1) 项目前期（设计和施工准备阶段）：对应于环境影响评价文件中的“项目准备阶段”。需要考虑田地征用、拆迁给居民带来的就业、不良情绪、交通和服务便利可及性的改变对他们健康的直接或间接影响；项目设计兼顾弱势群体的出行、基本需求，应急通道和设备设置等（如斜坡便道、公共场所设置哺乳室）。

(2) 项目施工/建设阶段：对应于环境影响评价文件中的“项目实施/施工/建设阶段”。主要考虑产生的垃圾及时无害化处理，否则易引起环境污染、病菌滋生、“四害”（蚊、蝇、鼠、蟑螂）等问题；施工人员的安全防护培训与健康管理对维护这一群体的健康至关重要；建设后期的植被恢复，引进外来物种需考虑与原有动植物的相容性，及对周边易过敏人群的危害。

(3) 项目运营阶段：坚持环境保护原则，垃圾及时无害化处理，做好职工职业防护与健康管理培训，对于不可抗力产生的突发事件，要科学预测并做好应急预案，条件允许的情况下应结合实际情况，定期进行消防、突发公共卫生事件、自然灾害等应急演练。

在整个项目周期中，施工区域的医疗卫生服务可及性和医疗机构承受力、健康公平性是健康影响评价的重要内容，医疗卫生资源尽可能与区域人员数量和职业群体的医疗需求相匹配。此外，重大工程项目要兼顾经济效益与社会效益，注重周边居民的建议意见。

4.2.2　各类工程项目的健康决定因素清单

本部分技术指南按照投资作用将工程项目分为生产性工程项目和非生产性工程项目。生产性工程项目是指形成物质产品生产能力的工程项目，例如工业、农业、交通运输、建筑业、邮电通信等产业部门的工程项目；非生产性工程项目是指不形成物质产品生产能力的工程项目，例如公用事业、文化教育、卫生体育、科学研究、社会福利事业、金融保险等部门的工程项目。

工程项目的验收根据国家有关规定执行。当前的验收标准重点关注工程质量，但工程项目的建设是为了服务于人民，建议将项目对全人群健康的积极或消极影响纳入设计与验收标准，实现经济效益和社会效益的双赢。

生产性和非生产性工程项目的健康决定因素有所不同，详见表 3-2。

表 3-2　生产性和非生产性工程项目的健康决定因素

<table>
<tr><th colspan="2">分类</th><th>影响途径</th><th>健康决定因素</th></tr>
<tr><td rowspan="6">生产性工程项目</td><td>工业</td><td>大多涉及居民搬迁、环境破坏、施工期环境污染等问题</td><td rowspan="6">(1) 环境因素；
(2) 违反社会法律、道德的健康危害行为；
(3) 就业；
(4) 职业危害因素；
(5) 职业防护和健康管理；
(6) 交通运输；
(7) 医疗卫生服务；
(8) 治安 / 安全保障和应急响应
……</td></tr>
<tr><td>农业</td><td>生物多样性减少、土质破坏、环境污染、农作物质量下降等</td></tr>
<tr><td>交通运输</td><td>居民搬迁、环境破坏、汽车尾气与噪声等</td></tr>
<tr><td>建筑业</td><td>扬尘、噪声、采光等</td></tr>
<tr><td>邮电通信</td><td>植被破坏、辐射等</td></tr>
<tr><td>……</td><td>……</td></tr>
<tr><td rowspan="7">非生产性工程项目</td><td>公用事业</td><td rowspan="7">环境绿化的科学合理性；
资源配置与服务利用的可及性；
健康公平；
对弱势群体、流动性人口需求的考虑
……</td><td rowspan="7">(1) 环境因素；
(2) 公共服务因素；
(3) 文化因素；
(4) 健康理念和意识；
(5) 社会保障；
(6) 就业；
(7) 福利；
(8) 公平；
(9) 治安 / 安全保障和应急响应
……</td></tr>
<tr><td>文化教育</td></tr>
<tr><td>卫生体育</td></tr>
<tr><td>科学研究</td></tr>
<tr><td>社会福利事业</td></tr>
<tr><td>金融保险</td></tr>
<tr><td>……</td></tr>
</table>

在重大工程项目健康影响评价中，由于不同工程项目、工程项目的不同阶段所涉及健康决定因素不同，评价的侧重点也各异。健康影响评价不仅关注健康问题，尤其关注健康公平的问题，针对表 3-1 和表 3-2 健康决定因素进行评价时，尤其需要对老年人、妇女儿童、残疾人等弱势人群做重点考虑。

4.3　分析评估阶段中常用的方法

针对重大工程项目的健康影响评价，可以采用定量评估方法如调查测量或对现有资料的定量评估和利用，也可以采用定性评估方法，具体使用时根据工程项目的具体情况选择单一方法或多种方法的综合使用。建议在利用工程项目现有环境影响评价数据进行分析评估基础上，补充现场实地考察、利益相关者讨论、公众听证会等方法。

本节对各评估方法做简单介绍，其具体操作流程和要求可参考相关专业书籍。

4.3.1　调查测量

(1) 环境测量：①有害性物质的评估：空气、土壤和水里的有害物质／污染物，噪声；放射性或危险环境如洪水、火灾、滑坡或伤害风险。利用环境测量相关技术方法进行。②公共健康资产和资源的评估：水体、土地、农场、森林、基础公共建设设施、学校和公园等。运用相关现场调查方法获取。

(2) 实证研究：尤其是流行病学研究（调查、成本效益分析、测评）。利用流行病学调查研究方法设计和实施，以描述健康决定因素和健康结局的关联。必要时，量化关联的强度以及建模进行概率分析。

4.3.2　现有资料的定量评估

(1) 系统文献回顾：是一种标准化文献研究方法。在医药学领域的元分析（meta-analysis）带动下，借助互联网，利用不同的数据库和多种检索与分析技术，全面准确地掌握该工程项目所涉及的相关领域可能造成的某一或某些健康影响的研究进展，并得出和检验研究结论。

(2) 现有人口统计和健康数据：搜集和利用如人口普查、调查数据，监管项目和机构报告等现有资料，来获得相关定量数据进行评估。

(3) 绘制人口统计、健康状况统计或环境测量结果分布图：结合所收集的现有资料进行相关分布图的绘制。

(4) 利用现有环境影响评价数据：利用该工程的环境影响评价及相关资料，获取可能影响人群健康的各种因素的信息，包括调查测量结果及结论、环境测量结果分布图等。

4.3.3　定性评估

(1) 专家观点：在与所评价工程项目相关的行业领域内，选取有多年工作经验的专业人员，听取他们提出的有价值的专业意见。

(2) 专题小组访谈：通过召集一组同质人员，对所评价工程项目的健康影响进行讨论，进而得出结论。步骤：制订专题小组讨论计划；确定小组的数量及类型，专题小组讨论准备工作；进行专题小组讨论；对专题小组讨论结果进行分析与解释。

(3) 利益相关者讨论：由所评价工程项目主要的利益相关者参加的现场或在线专题讨论会，收集其对工程项目本身的认识和意见，找出项目中已经（或者可能）发生的重要健康问题。其中包括来自受所评价工程项目影响的主要区域的公众。

(4) 关键知情人访谈：就所评价工程项目的健康影响相关问题去访问专家或了解问题某一特定方面的主要知情者。步骤：设计访谈提纲；恰当进行提问；准确捕捉信息；及时收集有关资料；适当做出回应；及时做好访谈记录。

(5) 公众听证会：是公众参与地方治理的一种固定渠道，可根据工程项目的具体情况进行选择性听证。凡是在听证会上提出的意见，建设单位或主管部门必须在最后裁决中做出回应。步骤：准备阶段，根据听证的相关内容，制定听证公告并向上级领导请示，经同意后制定详细分工；举行阶段，宣布召开听证会的目的、会场纪律、陈述人的义务等，进入听证辩论程序；会议结束后，根据陈述人的发言内容，及时做好归纳总结，完成听证报告。

(6) 现场实地考察：在工程项目的设计、施工和运营期，对现场进行考察可以获得实地感受,更有效发现可能存在的隐患,与文献资料提供的信息互为补充。包括现场环境、项目运营流程的考察,与设计者、建设者、运营者、使用者以及周围可能受影响的公众的访谈等。

4.4 健康影响评价报告撰写

重大工程项目健康影响评价报告应该为独立报告,报告中需要对项目基本情况做描述,具体包括项目背景、环境影响评价结果摘要和可行性报告摘要。同时呈现健康影响评价的工作过程、评价结果以及评价结果的使用。详细框架具体如下:

(1) 项目背景

(2) 环境影响评价结果摘要和可行性报告摘要

(3) 健康影响评价过程、评价结果以及结果的使用

第一阶段评价准备阶段:部门初筛;申请评价与备案受理(提交登记);组建(评价)专家组。

第二阶段评价实施阶段:筛选;分析评估;报告与建议。

第三阶段评价结束及后续阶段:评价结果提交备案;评价结果的使用;监测评估。

5 案　例

本节提供了两个参考案例。杭州市针对“城西分类减量综合体建设项目”的评价案例和宜昌市针对“湖北省吉美化妆品有限公司生产基地建设及乳化包装生产线项目”的评价案例，两个案例针对所涉及项目开展健康影响评价的过程与本部分所述基本相同，均经历了评价准备、评价实施和评价结束及后续三个阶段。由于所评价项目均属于当地健康影响评价指定范围，因此均略过了“评价准备阶段”的“部门初筛”环节。两个案例在具体评价方法上各有特色。

两个案例所涉及项目均已先期完成环境影响评价工作，因此案例中针对项目的健康影响评价均是基于环境影响评价报告及相关资料基础上进行，可供各地借鉴和参考。未来针对重大工程项目的健康影响评价建议在项目建议阶段切入并与环境影响评价协同进行。

案例一　杭州市城西分类减量综合体建设项目的健康影响评价

一、项目背景

杭州市双桥区块是处于城西科创产业网络的重要连接节点。东靠三墩集镇、西湖科技园和浙江大学紫金港校区，南邻未来科技城、蒋村新区和西溪湿地，北临良渚，其周边科技、创新、创业的土壤，以及其自身优美的生态环境，为其在新的时期转型发展提供了绝佳的机遇期。双桥(云谷)单元的发展目标是精心打造集生态谷、智慧谷、人文谷、创业谷、品质谷“五谷”于一体的杭州云谷，通过 5 到 7 年努力，加快建成国际知名、国内领先的云计算大数据产业中心和云计算技术创新、大数据运用先行区，加快推进新型高等研究学府的建设，成为智慧经济新蓝海、产学融合新样板、生态发展新标杆和城乡统筹示范区。

云谷建设过程中，垃圾收运是一大难题。目前杭州市垃圾收运车主要有 8 吨、5 吨、3 吨三种，如仍然采用目前的 3~8 吨运力的后装直运车运送垃圾，势必增加运输成本和管理难度。建设城西分类减量综合体项目既符合单元发展方向，又能够极大地提高垃圾转运车的运输效率、降低运输成本，杜绝潜在的后装车垃圾跑冒滴漏的可能，有利于提升城市市政环境卫生形象。

项目已取得杭州市发展和改革委员会准予行政许可、杭州市规划局出具的《建设项目选址意见书》以及杭州市国土资源局出具的《用地预审意见》。浙江问鼎环境工程有限公司承担本项目的环境影响评价工作。

结合杭州市“健康中国”国家战略落实情况，根据《杭州市公共政策健康影响评价试点实施方案(试行)》(杭政办函〔2019〕82 号)，践行公共政策健康影响评价制度有关要求，杭州市健康办拟对“城西分类减量综合体建设项目”进行健康影响试评价。

二、环境影响评价结果摘要①

杭州市城西分类减量综合体建设项目属于社会区域类项目。该项目的建设目的是助力打造集生态谷、智慧谷、人文谷、创业谷、品质谷“五谷”于一体的杭州云谷，建筑形式是垃圾压缩脱水转运站，解决云谷建设和今后发展中产生的生活垃圾的压缩转运问题，具体包括

① 摘自《杭州市城西分类减量综合体建设项目的环境影响评价报告书》。

居民生活垃圾、商业垃圾、清扫垃圾，兼有少量的易腐垃圾的压缩转运。建设内容为垃圾压缩脱水转运车间、管理用房等配套附属设施等。项目实施单位为杭州市环境集团有限公司。浙江问鼎环境工程有限公司承担本项目环境影响评价工作。

本项目的环境影响评价报告书内容包括项目基本情况（项目由来、编制依据、建设内容与规模、项目主要生产设备、主要原辅材料及能源消耗、总平面布置、劳动定员与工作制度、公用工程、与本项目有关的原有污染情况及主要环境问题）、项目所在地自然环境简况（自然环境简况、相关规划情况、区域基础设施建设）、环境质量状况（项目所在地区域环境质量现状及主要环境问题、主要环境保护目标）、评价适用标准（环境质量标准、污染物排放标准、总量控制指标）、建设项目工程分析（施工期工程分析、营运期工程分析、污染源强核算）、项目主要污染物产生及预计排放情况、环境影响分析（施工期环境影响简要分析、营运期环境影响简要分析、环境管理与监测计划、环保投资）、项目拟采取的防治措施及预期治理效果、结论与建议（主要结论、项目环境影响评价审批原则符合性分析、项目环境影响评价审批要求符合性分析、项目其他部门审批要求符合性分析、主要建议、环境影响评价总结论）九大部分。

具体来看，项目准备阶段，浙江问鼎环境工程有限公司对该项目进行实地踏勘，收集与本项目相关的资料，对项目周边环境进行详细调查、了解，在此基础上，根据国家、省市的有关环保法规以及环境影响评价技术导则等的要求，编制完成该项目的环境影响评价报告表，为本项目的实施和管理提供科学依据。本项目为新建项目，项目拟建地以前为农居，现状为空地，无与本项目有关的原有污染情况及主要环境问题。本项目为生活垃圾转运站项目，不属于工业项目，项目用地属于环卫用地，故符合土地利用规划。本项目属于市政配套项目，总量控制符合相关要求，符合所在环境功能区的“管控措施”和“负面清单”要求。本转运站位于西部片区，垃圾最终处置设施为九峰垃圾焚烧厂，符合环境卫生专业规划要求。

项目实施阶段，污染因素主要有施工废水、施工废气（扬尘）、施工噪声、建筑垃圾和施工人员生活垃圾。本项目在施工阶段将对周围环境产生影响，施工期主要活动是土石方的施工及建筑施工，环境影响主要来自施工场地的扬尘、废水、噪声污染等方面。施工期间应注意采取措施，削减对周边环境的影响。

项目运营阶段，产生的废气包括生活垃圾卸料压装过程中产生的粉尘和恶臭、气体、污水收集池恶臭、汽车尾气和食堂餐饮油烟。产生的废水包括生活垃圾渗滤液、冲洗废水、清洗废水、喷淋废水和生活污水。产生的噪声包括生产设备噪声、风机及污水泵噪声。产生的固体废物包括办公、生活垃圾。针对这些问题，项目运营阶段除臭工艺前端采用“离子氧送风＋植物液雾化喷淋”，末端采用“化学洗涤＋植物液洗涤＋活性炭吸附”工艺。生活污水经化粪池预处理、食堂废水经隔油池预处理达标后纳入市政管网；生产废水采用槽罐车运至天子岭污水处理厂处理后纳管，均不直接排入地表水体。项目道路为城市支路，项目建成后车流量较小，道路两侧 200m 范围内现状及规划无声环境敏感点，根据对同类型道路调查，项目运营期对周边影响较小。且项目产生的固体废物均可以得到妥善处理，不会对周围环境产生影响。运营阶段应强化日常管理和设备维护工作，确保环保设施处于正常运行。同时严格执行“三同时”制度，加强“三废”末端治理与综合利用，对生产过程中产生的污染物按政策要求进行治理，减少对周围环境的影响。

环境风险评价方面，根据《建设项目环境风险评价技术导则》（HJ 169—2018）附录 B，本项目无突发环境事件风险物质。当 $Q<1$ 时，该项目环境风险潜势为Ⅰ。则本项目评价工

作等级为简单分析，只要企业严格遵守上述风险防范措施和应急措施，做好应急准备工作，使企业能够在第一时间控制突发环境事件，并将环境污染事故的影响降至最低，则可以有效保护项目周边敏感目标的生命财产安全。

通过环境影响评价，认为杭州市城西分类减量综合体建设项目符合环境功能区划的要求；排放污染物符合国家、省规定的污染物排放标准和主要污染物排放总量控制指标；造成的环境影响符合建设项目所在地环境功能区划确定的环境质量要求；符合主体功能区规划、土地利用总体规划、城乡规划、国家和省产业政策等的要求。在企业全面落实环境影响评价提出的各项污染防治措施的前提下，从环境保护角度来看，本项目的建设是可行的。

三、健康影响评价过程

本项目的健康影响评价过程分为三个阶段：①评价准备阶段：包括部门初筛、申请评价与备案受理（提交登记）、组建专家组；②评价实施阶段：包括筛选、分析评估、报告与建议；③评价结束与后续阶段：包括评价结果提交备案、使用及监测评估。

第一阶段：评价准备阶段

1. 部门初筛　由于本项目为市健康办选定健康影响评价项目，故省略“部门初筛”环节。

2. 申请评价与备案受理（提交登记）　项目实施单位（杭州市环境集团有限公司）经由杭州市发改委，向杭州市健康办申报项目健康影响评价，杭州市健康办填写杭州市公共政策健康影响评价备案登记表（表 3-3），予以备案登记。委托第三方评价机构杭州师范大学实施评价。

表 3-3　杭州市公共政策健康影响评价备案登记表

<table>
<tr><td colspan="2">起草（提交）部门</td><td>杭州市发改委</td><td>提交人</td><td>（签字）</td><td>电话</td><td></td></tr>
<tr><td colspan="2">受理 / 备案部门</td><td>杭州市健康办</td><td>受理 / 备案人</td><td>（签字）</td><td>电话</td><td></td></tr>
<tr><td colspan="2">受理 / 备案日期</td><td></td><td colspan="2">评价完成时限</td><td colspan="2"></td></tr>
<tr><td colspan="2">政策 / 项目名称</td><td colspan="5">杭州市城西分类减量综合体建设项目</td></tr>
<tr><td colspan="2">对应健康问题</td><td colspan="5">健康环境、健康人群</td></tr>
<tr><td colspan="2" rowspan="2">是否做过其他有关评价及内容</td><td colspan="5">是否做过?　是√　否</td></tr>
<tr><td colspan="5">评价内容：
环境影响评价、劳动安全与工业卫生、社会稳定风险评估</td></tr>
<tr><td colspan="2">部门初筛结果</td><td colspan="5"></td></tr>
<tr><td rowspan="9">提交相关资料清单</td><td>序号</td><td colspan="2">文件名称</td><td>份数</td><td colspan="2">备注</td></tr>
<tr><td>1</td><td colspan="2">行政许可申请书</td><td>1</td><td colspan="2">杭州市环境集团有限公司</td></tr>
<tr><td>2</td><td colspan="2">行政许可（项目核准）决定书批复</td><td>1</td><td colspan="2">发改委</td></tr>
<tr><td>3</td><td colspan="2">建设项目选址意见书</td><td>1</td><td colspan="2">规划局</td></tr>
<tr><td>4</td><td colspan="2">用地预审意见</td><td>1</td><td colspan="2">国土资源局</td></tr>
<tr><td>5</td><td colspan="2">环境影响评价资料</td><td>1</td><td colspan="2">问鼎环境工程有限公司</td></tr>
<tr><td>6</td><td colspan="2">环境影响报告表</td><td>1</td><td colspan="2">杭州市环境集团有限公司</td></tr>
<tr><td></td><td colspan="2"></td><td></td><td colspan="2"></td></tr>
<tr><td></td><td colspan="2"></td><td></td><td colspan="2"></td></tr>
<tr><td>备案说明</td><td colspan="6">①鉴于该项目投资较大，与居民生活息息相关，备受社会关注，为了确保评价的科学性和规范性，特拟定委托第三方进行评价；②提交方市发改委对提交的相关资料的真实性负责</td></tr>
</table>

3. 组建(评价)专家组 邀请来自浙江大学、杭州师范大学医学院和生命科学院、杭州环研科技有限公司的健康影响评价相关领域专家一同组成评价外部专家组。同时邀请杭州市卫健委、发改委、生态环境局、应急管理局、卫生监督所等部门的专家和项目环评单位有关专家作为评价内部专家组,参与分析评估及利益相关者讨论环节。

第二阶段:评价实施阶段

4. 筛选 外部专家组通读所报送的文件及相关资料,基于公共政策健康影响评价筛选清单(表 2-3)、生产性和非生产性工程项目的健康决定因素(表 3-2)和项目不同阶段的健康决定因素清单(表 3-1)完成筛选,并填写杭州市公共政策健康影响评价筛选清单和意见汇总表(表 3-4)。

表 3-4 杭州市公共政策健康影响评价筛选清单和意见汇总表

问题	回答		
	是	不知道	否
1. 该政策是否可能对健康产生消极影响	5/5		
2. 该政策是否可能对健康产生积极影响	5/5		
3. 潜在的消极或积极健康影响是否会波及很多人(包括目前和将来)	5/5		
4. 潜在消极健康影响是否会造成死亡、伤残或入院风险	5/5		
5. 对于残疾人群、流动人口、贫困人口等弱势群体而言,潜在的消极健康影响是否会对其造成更为严重的后果	3/5		2/5
6. 该政策对经济社会发展有较大影响	4/5		1/5
7. 该政策对公众的利益有较大影响	5/5		
8. 该政策是否会成为公众或社会关注的焦点	5/5		
是否进行进一步的分析评估 ☑是 5/5 □否			

本次筛选确定有必要针对“杭州市城西分类减量综合体建设项目”进行健康影响评价,并确定采用“专家观点 + 利益相关者讨论”方法进行。

5. 分析评估

(1) 目的:分析“杭州市城西分类减量综合体建设项目”可能涉及的健康决定因素及所产生的影响,预估和描述对健康的影响,并提出相应的优化建议。

(2) 参加人员:杭州市健康办人员、评价专家组。同时邀请项目设计者或了解项目情况人员参会,介绍相关内容并回答评估专家组的咨询。

(3) 方法:①个人分析:各专家事前通读《杭州市城西分类减量综合体建设项目的环境影响评价报告书》及相关材料,了解项目基本情况;并结合健康决定因素清单(示例)(表 2-2),逐条梳理判定所对应的健康决定因素;根据健康影响评价分析评估表(表 3-5)所列主题内容,完成个人意见。②集体讨论分析:专家分别阐述个人对该项目健康决定因素的预估和描述及可能造成的健康影响,包括受影响人群(含弱势群体)的特征、影响范围及严重程度等信息。在专家组组长主持下,专家组集体讨论,描述项目所产生的潜在健康影响并提出建议,并确定针对噪声、扬尘和恶臭对人体健康的影响进行深入评价分析,从而最终形成“杭州市城西分类减量综合体建设项目”健康影响评价分析评估表(表 3-5)。

(4) 深入评价分析:通过检索相关文献研究资料,结合项目具体设计,获得以下结果:

1) 噪声:施工期的各类设备在测点距离 10~15m 时,均会产生超过 70dB 的噪声,以静压式打桩机和钻孔式灌注桩机为例,当测点距离为 15m 时,可产生 80dB 的噪声值。长期处于该噪声值下,神经细胞会逐渐受到破坏,会对人体健康造成一定的损伤。

当测点距离越远,噪声值越小,但施工期的各类设备超过 200m 仍有约 50dB 的噪声,虽不会立刻对人体造成危害,但有研究表明,孕妇长期处在超过 50dB 的噪声环境中,会使内分泌腺体功能紊乱,并出现精神紧张和内分泌系统失调。严重的会使血压升高、胎儿缺氧缺血、导致胎儿畸形甚至流产。

2) 扬尘:扬尘颗粒随空气流动移动,会对人身体健康造成危害。根据相关数据研究,当扬尘颗粒较大时,通常被阻隔在上呼吸道中,而直径小于 10μm 的扬尘颗粒就能进入下呼吸道,小于 2μm 的颗粒更易堆积在肺泡中,从而引发系列疾病,甚至导致死亡。加上扬尘中可能含有大量病毒、细菌、污染物等,在空气中传播速度极快,对人们身体健康影响巨大。高浓度的飘尘环境容易造成慢性阻塞性肺部疾患以及心脑血管病症发病率及死亡率的升高。

3) 恶臭:恶臭对人体的危害主要表现在引起恶心、头痛、头昏、呕吐、食欲不振、嗅觉失灵、失眠、诱发哮喘等症状。高浓度的恶臭气体可引起人体重要的生理功能发生障碍和病变,甚至危及生命。如含 H_2S 恶臭气体浓度达到 1 000mg/m^3 以上时,可造成人体短时间神志不清乃至呼吸停止而死亡。

基于上述分析,项目施工期和运营期对于噪声、扬尘和恶臭的处置和管理需要加强,尤其是施工人员和运营工作人员的个体防护和健康管理,以及避免对周围居民生产、生活产生影响。

(5) 邀请利益相关者讨论

1) 目的:将专家组分析评估结果告知利益相关者并听取利益相关者的意见,完善政策修改建议。

2) 参会人员:专家组成员;公众代表;关键知情人员(项目设计者或了解项目情况者);“环境影响报告表”风险预估、水污染等部分的撰写者;决策部门人员(项目立项审批部门相关人员)。

3) 内容及方法:专家组组长阐述前期分析评估过程及结果(包括所涉及健康决定因素及可能产生的积极与消极影响);听取收集公众代表和关键知情人提出的意见;回答公众代表和关键知情人提出的问题。

6. 报告与建议

(1) 目的:确定修改建议,形成健康影响评价意见与报告。

(2) 参会人员:以杭州市健康办和评价项目外部专家组为主。

(3) 内容:基于利益相关者讨论意见建议,进一步完善“杭州市城西分类减量综合体建设项目”健康影响评价分析评估表(表 3-5);填写完成杭州市公共政策健康影响评价意见反馈及备案表(表 3-6);形成完整的健康影响评价报告。

表 3-5 “杭州市城西分类减量综合体建设项目”健康影响评价分析评估表

项目内容	对应的健康决定因素		暴露途径	潜在的健康影响		提出的政策修改建议(理由)
	分类	具体种类		积极/消极影响	影响的描述	
总体建设项目	环境	废物处理	生活垃圾的压缩转运。不涉及生活垃圾的处置	积极影响	通过对本区域生活垃圾进行及时分类、压缩和转运，可提高运输效率、降低运输成本，杜绝后装车垃圾跑冒滴漏可能，一方面提升城市市政环境卫生形象，另一方面提高居民的环境舒适感	运营期的全程监督
项目施工期	环境；就业	空气、水、噪声、废物处理(建筑垃圾和施工人员生活垃圾)；就业和工作保障、职业防护和健康管理	废水、废气(扬尘)的处置；噪声的暴露；施工产生建筑垃圾的处理	消极影响	土地平整、打桩、开挖、回填、建材运输、露天堆放、装卸和搅拌、冲洗等产生扬尘、废水，施工产生建筑垃圾有可能影响周围环境以及破坏土壤结构。 施工过程中所产生的扬尘、噪声对施工人员、周围居民健康的负面影响	加强施工人员职业防护宣传和监督；宣传项目实施的意义及所采取的减少对周围居民健康影响的措施。建议项目周边200m范围内没有居民点。 噪声： ①施工单位在施工作业中合理安排各类施工机械的工作时间，避免夜间施工。如有特殊原因，须有区政府或者有关主管部门的证明，并且夜间作业必须公告附近居民。夜间施工时严禁打桩机等强噪声机械进行施工，减少噪声对四周环境的影响。 ②对不同施工阶段，按《建筑施工场界环境噪声排放标准》(GB 12523—2011)对施工场界进行噪声控制。 ③在施工过程中可采取隔声屏等措施降低高噪声设备对周边敏感点的影响。

续表

项目内容	对应的健康决定因素		暴露途径	潜在的健康影响		提出的政策修改建议（理由）
	分类	具体种类		积极 / 消极影响	影响的描述	
项目施工期	环境；就业	空气、水、噪声、废物处理(建筑垃圾和施工人员生活垃圾)；就业和工作保障、职业防护和健康管理	废水、废气(扬尘)的处置；噪声的暴露；施工产生建筑垃圾的处理	消极影响	土地平整、打桩、开挖、回填、建材运输、露天堆放、装卸和搅拌、冲洗等产生扬尘、废水，施工产生建筑垃圾有可能影响周围环境以及破坏土壤结构。 施工过程中所产生的扬尘、噪声对施工人员、周围居民健康的负面影响	建筑垃圾： ①对废弃土石方应及时清运，用于市政与规划部门指定的建设工程基础填方、洼地填筑或沿河绿化进行消纳。 ②不能利用的弃方应选择远离水体的地方进行妥善堆放，并在条件许可时以植被覆盖，从而减少对生态环境的影响。 扬尘： ①在施工期间对路面应实施洒水抑尘，每天洒水 4~5 次，同时运输车辆应覆盖毡布，防止运输中扬尘或洒落。 ②采用商品沥青混凝土，减少沥青烟的产生。 废水： ①生活污水严禁外排，须经临时化粪池预处理后外运。 ②建设工程用水必须经沉淀池处理后回用
运营期： 垃圾压缩 转运设施 转运停车场	环境；就业	空气、水、噪声、废物处理； 就业和工作保障、职业防护和健康管理	生活垃圾卸料、压装以及转运车停车区地面冲洗的渗滤液、冲洗废水的处置，噪声暴露	消极影响	在生活垃圾卸料、压装以及运输车辆在厂区内行驶和停车过程中可能产生的噪声，对工作人员、周围居民健康的负面影响； 生产废水对周围环境和人群健康的负面影响	加强工作人员职业防护宣传和监督；加强工作人员健康管理；宣传项目意义和所采取的减少对周围居民健康影响的措施；监督措施的执行。 垃圾压缩转运流程及车间的合理布局。 噪声：高噪声设备尽量远离敏感点布置，且高噪声设备安装时加装减震垫；企业在运营时执行关闭门、窗作业；加强工人的日常操作管理，运输车辆在厂区内禁止鸣笛。

续表

项目内容	对应的健康决定因素		暴露途径	潜在的健康影响		提出的政策修改建议(理由)
	分类	具体种类		积极/消极影响	影响的描述	
运营期：垃圾压缩转运设施转运停车场	环境；就业	空气、水、噪声、废物处理；就业和工作保障、职业防护和健康管理	生活垃圾卸料、压装以及转运车停车区地面冲洗的渗滤液、冲洗废水的处置，噪声暴露	消极影响	在生活垃圾卸料、压装以及运输车辆在厂区内行驶和停车过程中可能产生的噪声，对工作人员、周围居民健康的负面影响； 生产废水对周围环境和人群健康的负面影响	生产废水的无害化处理，项目已做设计，即生产废水采用槽罐车运至天子岭污水处理厂处理，经处理达到《生活垃圾填埋场水污染控制标准》(GB 16889—2008)2级标准限值后纳入市政污水管网至七格污水处理厂处理。 另外建议：做好污水收集系统的检修维护和管理；编制应急预案；做好垃圾转运车辆的维护和管理工作，杜绝跑冒滴漏现象，减轻对运输路线两侧的环境影响
运营期：除臭设施自控系统	环境；就业	空气、水；就业和工作保障、职业防护和健康管理	除臭喷淋塔、风机产生的渗滤液、淋洗废水和废气的暴露	消极影响	现有项目已经设计了除臭系统及措施，但缺乏针对除臭系统不能正常工作时的应急预案。一旦现有除臭系统不能正常运作时，整个流程所产生的恶臭对运营工作人员和周围居民的健康会造成负面影响	现有项目已经设计了废气收集系统、除臭系统及措施：在除臭系统正常运转下，供应商对废容器统一回收处理。废活性炭随生活垃圾一同送九峰垃圾焚烧厂处理处置。采用混凝土实体材料、固定窗和气密性较好的车间内门压缩，保障转运车间整体除臭密封性好。 建议：做好系统检修维护和管理；做好应急预案

表 3-6　杭州市公共政策健康影响评价意见反馈及备案表

政策 / 项目名称		杭州市城西分类减量综合体建设项目	
起草(提交)部门		杭州市发改委	
报送部门		杭州市健康办	
健康影响评价意见汇总			
序号	原条款	可能存在的影响	修改建议
1	总体建设项目	提高运输效率、降低运输成本，杜绝后装车垃圾跑冒滴漏可能，一方面提升城市市政环境卫生形象，另一方面提高居民的环境舒适感	运营期的全程监督
2	项目施工期	土地平整、打桩、开挖、回填、建材运输、露天堆放、装卸和搅拌、冲洗等产生扬尘、废水； 施工产生建筑垃圾有可能影响周围环境以及破坏土壤结构； 施工过程中所产生的扬尘、噪声对施工人员、周围居民健康的负面影响	加强施工人员职业防护宣传和监督；对项目实施的意义及所采取的减少对周围居民健康影响的措施进行宣传。 建议项目周边 200m 范围内没有居民点。 噪声： ①施工单位在施工作业中合理安排各类施工机械的工作时间，避免夜间施工。如有特殊原因，须有区政府或者有关主管部门的证明，并且夜间作业必须公告附近居民。夜间施工时严禁打桩机等强噪声机械进行施工，减少噪声对四周环境的影响。 ②对不同施工阶段，按《建筑施工场界环境噪声排放标准》(GB 12523—2011)对施工场界进行噪声控制。 ③在施工过程中可采取隔声屏等措施降低高噪声设备对周边敏感点的影响。 建筑垃圾： ①对废弃土石方应及时清运，用于市政与规划部门指定的建设工程基础填方、洼地填筑或沿河绿化进行消纳。 ②不能利用的弃方应选择远离水体的地方进行妥善堆放，并在条件许可时以植被覆盖，从而减少对生态环境的影响。 扬尘： ①在施工期间对路面应实施洒水抑尘，每天洒水 4~5 次，同时运输车辆应覆盖毡布，防止运输中扬尘或洒落。 ②采用商品沥青混凝土，减少沥青烟的产生。 废水： ①生活污水严禁外排，须经临时化粪池预处理后外运。 ②建设工程用水必须经沉淀池处理后回用

续表

<table>
<tr><th>序号</th><th>原条款</th><th>可能存在的问题</th><th colspan="2">修改建议</th></tr>
<tr><td>3</td><td>垃圾压缩；
转运设施；
转运停车场</td><td>在生活垃圾卸料、压装以及运输车辆在厂区内行驶和停车过程中可能产生的噪声，对工作人员、周围居民健康的负面影响；
生产废水对周围环境和人群健康的负面影响</td><td colspan="2">加强工作人员职业防护宣传和监督；加强工作人员健康管理；宣传项目意义和所采取的减少对周围居民健康影响的措施；监督措施的执行。
垃圾压缩转运流程及车间的合理布局。
噪声：高噪声设备尽量远离敏感点布置，且高噪声设备安装时加装减震垫；企业在运营时执行关闭门、窗作业；加强工人的日常操作管理，运输车辆在厂区内禁止鸣笛。
生产废水的无害化处理，项目已做设计，即生产废水采用槽罐车运至天子岭污水处理厂处理，经处理达到《生活垃圾填埋场水污染控制标准》(GB 16889—2008) 2级标准限值后纳入市政污水管网至七格污水处理厂处理。
另外建议：做好污水收集系统的检修维护和管理；编制应急预案；做好垃圾转运车辆的维护和管理工作，杜绝跑冒滴漏现象，减轻对运输路线两侧的环境影响</td></tr>
<tr><td>4</td><td>除臭设施；
自控系统</td><td>现有项目已经设计了除臭系统及措施，但缺乏针对除臭系统不能正常工作时的应急预案。一旦现有除臭系统不能正常运作时，整个流程所产生的恶臭对运营工作人员和周围居民的健康造成负面影响</td><td colspan="2">现有项目已经设计了废气收集系统、除臭系统及措施：在除臭系统正常运转下，供应商对废容器统一回收处理。废活性炭随生活垃圾一同送九峰垃圾焚烧厂处理处置。采用混凝土实体材料、固定窗和气密性较好的车间内门压缩保障转运车间整体除臭密封性好。
建议：做好系统检修维护和管理；做好应急预案</td></tr>
<tr><td colspan="5">专家组组长：
参与专家：

提交日期：</td></tr>
<tr><td colspan="2">备案人(签字)</td><td></td><td>备案日期</td><td></td></tr>
</table>

第三阶段：评价结束及后续阶段

7. 评价结果提交备案　第三方评价机构杭州师范大学专家组在完成杭州市公共政策健康影响评价意见反馈及备案表(表3-6)后，提交杭州市健康办。同时完成《杭州市城西分类减量综合体建设项目健康影响评价报告》，并提交杭州市健康办。

8. 评价结果的使用及监测评估　本次选取的杭州市“城西分类减量综合体建设项目”的健康影响评价是工程建设类的健康影响评价试点项目，重点检验工程建设类项目健康影响评价流程、工具，以及项目建议的可行性。健康影响评价结果仅供立项审批部门和建设单位决策参考。

对项目实施及运行期的监测评估环节将需要杭州市相关部门协调配合进行，要督促项目加强监测数据的统计管理，建立完善的污染源及污染物排放档案、数据记录台账。制定总量控制指标，并纳入各级生产组织的经济考核体系，严格控制污染物排放总量。

案例二　湖北省吉美化妆品有限公司生产基地建设及乳化包装生产线项目的健康影响评价

一、项目背景

湖北省吉美化妆品有限公司位于宜昌高新区兰台路 19 号。公司租赁兰台科技园 2 号、3 号标准厂房，租用厂房总占地面积 4 200m^2，总建筑面积 12 723.56m^2，主要从事平衡水、胶原蛋白拍拍乳、贵妇美颜膏和青春浓缩精华素等护肤品加工和销售。

2016 年 6 月，湖北省吉美化妆品有限公司委托湖北正江环保科技有限公司编制了《湖北省吉美化妆品有限公司生产基地建设项目环境影响报告表》。2016 年 12 月 29 日原宜昌市环境保护局高新区分局以"宜高环审〔2016〕58 号"文件批复了该项目环境影响评价文件。环境影响评价阶段该项目主要内容为：建造 1 条乳化生产线、5 条罐装和 5 条包装生产线。项目实际建设过程中设计方案发生变化，租赁面积扩大，共租赁兰台科技园 2 号、3 号两栋标准厂房，建造 7 条乳化生产线、16 条罐装和 16 条包装生产线，项目建成后乳化总产能 1 000t/ 年。项目配套建设 1 台 2t/h 的天然气锅炉和一套 60m^3/d 的污水处理装置。项目总投资 13 400 万元，其中环保投资 232 万元。因湖北省吉美化妆品有限公司生产规模扩大较多，项目发生重大变更。为此，湖北省吉美化妆品有限公司根据相关法规要求，于 2019 年 3 月委托武汉智汇元环保科技有限公司编制了《湖北省吉美化妆品有限公司生产基地建设及乳化包装生产线项目环境影响报告表》，并重新报批。

根据宜昌市人民政府《关于印发宜昌市公共政策健康影响评价实施方案（试行）》的通知精神，宜昌市健康办于 2020 年选择对"湖北省吉美化妆品有限公司生产基地建设及乳化包装生产线项目"实施健康影响评价，具体由健康宜昌专家委员会负责进行。

二、健康影响评价过程

本项目的健康影响评价过程包括成立健康影响评价工作组和实施培训、筛选、分析评估、报告与建议、评价结果使用五个步骤。

第一阶段：评价准备阶段

由于本项目是宜昌市健康办选定项目，在评价实际执行中，略去了"部门初筛""申请评价与备案受理（提交登记）"阶段。

1. 成立健康影响评价工作组，实施培训　根据项目领域，健康宜昌专家委员会从专家库中选择来自公共卫生、环境保护、健康促进、卫生统计、疾病管理等领域的 5 名专家组成健康影响评价工作组。同时邀请项目实施单位了解项目情况者、项目主管部门人员、项目环境影响评价人员共同参加针对健康影响评价相关概念及实施方法路径的培训，统一认知和标准。培训内容基于《健康影响评价实施操作手册（2019 版）》。

第二阶段：评价实施阶段

2. 筛选　评价工作组在通读《湖北省吉美化妆品有限公司生产基地建设及乳化包装生产线项目环境影响报告表》及相关资料基础上，参照健康决定因素清单（示例）（表 2-2）、生产性和非生产性工程项目的健康决定因素（表 3-2）、项目不同阶段的健康决定因素清单（表 3-1）

以及公共政策健康影响评价筛选清单(表3-7)集体讨论完成筛选。

表3-7 公共政策健康影响评价筛选清单

<table>
<tr><th rowspan="2">问题</th><th colspan="3">专家回答</th></tr>
<tr><th>是</th><th>不知道</th><th>否</th></tr>
<tr><td>1. 该项目是否可能对健康产生消极影响</td><td>(2/5)</td><td></td><td>(3/5)</td></tr>
<tr><td>2. 该项目是否可能对健康产生积极影响</td><td>(5/5)</td><td></td><td></td></tr>
<tr><td>3. 潜在的消极或积极健康影响是否会波及很多人(包括目前和将来)</td><td>(5/5)</td><td></td><td></td></tr>
<tr><td>4. 潜在消极健康影响是否会造成死亡、伤残或入院风险</td><td>(5/5)</td><td></td><td></td></tr>
<tr><td>5. 对于残疾人群、流动人口、贫困人口等弱势群体而言,潜在的消极健康影响是否会对其造成更为严重的后果</td><td>(5/5)</td><td></td><td></td></tr>
<tr><td>6. 该项目对经济社会发展有较大影响</td><td>(5/5)</td><td></td><td></td></tr>
<tr><td>7. 该项目对公众的利益有较大影响</td><td>(5/5)</td><td></td><td></td></tr>
<tr><td>8. 该项目是否会成为公众或社会关注的焦点</td><td>(4/5)</td><td></td><td>(1/5)</td></tr>
<tr><td colspan="4">是否进行健康影响评价 □是(5/5) □否</td></tr>
</table>

筛选确定:有必要对"湖北省吉美化妆品有限公司生产基地建设及乳化包装生产线项目"进行健康影响评价,具体筛选意见参见表3-8公共政策健康影响评价筛选意见汇总表。

表3-8 公共政策健康影响评价筛选意见汇总表

<table>
<tr><td>起草(提交)部门</td><td colspan="5">宜昌市生态环境局</td></tr>
<tr><td>政策/项目名称</td><td colspan="5">湖北省吉美化妆品有限公司生产基地建设及乳化包装生产线项目</td></tr>
<tr><td>筛选方法</td><td colspan="5">专家咨询、小组会议</td></tr>
<tr><td colspan="6">评议组筛选意见汇总(300~500字)
项目施工期间以及建成后生产期间可能会对项目所在区域的水环境、声环境等方面产生不同程度的影响;加之项目厂区整体呈从西到东长条状布置,东、南、西侧为相应标准化厂房及办公楼,西北侧158m处为宜昌市第十九中学、220m处为宜昌天问小学,南侧360m处为大树湾村居民点,北侧为南玻路,项目施工和投入使用期间有可能对村民及学校师生产生潜在健康影响。
专家组通过个人观点的梳理和协商,采用投票办法,最终决定:
(1) 需要对"湖北省吉美化妆品有限公司生产基地建设及乳化包装生产线项目"进行健康影响评价。
(2) 评价内容包括:废水排放、废气排放、固体废弃物、噪声、疾病媒介、传染病、火灾、职业健康、货物资源和其安全性、交通和急救反应等健康决定因素。
(3) 评价方法:在利用现有环境影响评价数据基础上,通过专家咨询、利益相关者访谈的办法实施评价</td></tr>
<tr><td colspan="6">参与评价专家及成员签字:

日期:</td></tr>
<tr><td colspan="6">投票结果统计</td></tr>
<tr><td rowspan="2">参与人数</td><td colspan="3">投票结果</td><td colspan="2" rowspan="2">结论:是否开展健康影响评价</td></tr>
<tr><td>同意</td><td>反对</td><td>弃权</td></tr>
<tr><td>5</td><td>5</td><td>0</td><td>0</td><td>是√</td><td>否</td></tr>
</table>

3. 分析评估

(1) 个人分析：各专家事前通读《湖北省吉美化妆品有限公司生产基地建设及乳化包装生产线项目环境影响报告表》及相关材料，了解项目基本情况；并结合筛选所界定的健康决定因素，根据健康影响评价分析评估表(表 3-9)所列内容，完成个人意见。

表 3-9 "湖北省吉美化妆品有限公司生产基地建设及乳化包装生产线项目"健康影响评价分析评估表(专家组)

工程项目	对应的健康决定因素	描述潜在的健康影响	提出的修改建议
项目施工期和运行期	环境：空气、水、噪声和废物处理	项目施工期和运行期间所产生的废水、废气、噪声等因素，尚未建立严格的披露途径，信息公开制度不完善，职工因为不了解而疏忽职业防护，周边居民因为不了解而误解	健全企业对环境影响因素状况及防制措施的信息公开透明机制，通过各种途径不定期地进行健康影响因素动态信息公示
	环境：病媒生物	项目施工期和运行期虽已开展媒介生物管理工作，但落实力度不够	按照工作要求规范开展病媒生物监测与防制工作
	就业：职业防护和健康管理	项目施工期和运行期间，工人对采纳职业健康与安全行为持观望态度，有可能影响其进行职业防护和参与健康管理的主动性，从而影响其健康	企业应该加强职业健康促进工作，分析影响职工健康行为的内在因素，通过多种途径开展职业健康教育，端正职工对职业健康的态度、采纳职业防护行为和做好个人健康管理
	个体/行为危险因素	访谈发现：大多数居民关注"项目是否会造成当地环境污染"，但对"产生污染后，采取的措施"关注较少。公众环保意识和自我保护意识不够	健全企业对环境影响因素状况及防制措施的信息公开透明机制，通过各种途径不定期地进行健康影响因素动态信息公示。 公众健康素养以及环保素养的提升

(2) 利益相关者访谈：根据评价目的事先设计好访谈提纲，随机选企业职工、周边居民进行访谈，了解企业职工在环境保护、职业健康与安全、突发公共事件应对等方面的认知和自身能力，以及周边居民对该工程项目目前管理状况的满意度。

周边居民访谈发现大部分人对该工程项目目前管理状况满意，认为该工程项目施工过程中，未对本人造成不良影响。

对产业园职工的访谈则发现，职业人群如建筑工人即使是认识到职业危害分析和职业健康与防护行为的益处，也可能对采取职业健康行为保持一定的观望情绪，可能会因为一些障碍因素如个人健康状况、个人拥有和具备的条件等因素而不采纳职业健康行为。这一点在文献分析得到佐证，很多建筑工人认为实施职业健康行为与经济效益有冲突，从而忽略实施职业健康行为的长期利益。

(3) 专家组集体讨论分析：专家分别阐述个人对该项目健康决定因素的预估和描述及可能造成的健康影响，包括受影响人群(含弱势群体)的特征、影响范围及严重程度等信息。在专家组组长主持下，结合利益相关者访谈结果，专家集体讨论，描述项目所产生的潜在健康影响并提出建议，最终形成“湖北省吉美化妆品有限公司生产基地建设及乳化包装生产线项目”健康影响评价分析评估表(表 3-9)。

4. 报告与建议　本次对《湖北省吉美化妆品有限公司生产基地建设及乳化包装生产线项目》的健康影响评价，基于项目环境影响评价报告表及相关环保措施落实和运行情况。从健康影响评价结果看，项目运营期间还需从细节处做进一步提升：

(1) 健全信息公开透明机制，通过各种途径不定期地进行健康影响因素动态信息公示和相关宣传，引导职工和周边居民关注环境保护和健康维护，提升健康素养和环保素养。

(2) 健全工地、厂区等重要场所的病媒生物监测与防制工作机制，坚持环境治理和化学防治并重的专业化防治措施。

(3) 开展企业健康促进活动，创造健康支持性环境，充分调动职工参与健康防护和健康管理的主观能动性。包括加强企业层面职业健康制度的建设和完善，将职业健康管理和职业安全管理同等对待，加强保障职业健康的具体化措施。注重支持网络的形成，发挥家人、工友、上级的作用，帮助职工养成职业健康自我管理、自我照顾的习惯，强化主观规范对职工职业健康行为的正向影响作用。开展健康知识科普，提高职工健康素养。

第三阶段：评价结束与后续阶段

由于本项目是宜昌市健康办选定项目，期间宜昌市生态环境局一直配合参与项目的健康影响评价工作。评估专家组在完成项目健康影响评价后，将评价报告和建议经健康宜昌专家委员会提交至宜昌市健康办，并由其反馈至宜昌市生态环境局，供决策参考。

(**撰　　写**　张　萌　钱　玲；
案例提供　王建勋　李金涛　刘晓俊　刘继恒；
审　　核　史宇晖　吕战胜　卢　永)

主要参考文献

[1] 第十届全国人民代表大会常务委员会．中华人民共和国城乡规划法(2019 修正)[EB/OL].(2019-04-23)[2021-08-26].
https://www.mee.gov.cn/ywgz/fgbz/fl/201906/t20190605_705768.shtml.

[2] 第七届全国人民代表大会常务委员会．中华人民共和国环境保护法[EB/OL].(2014-04-25)[2021-08-26].
http://zwfw.mee.gov.cn/ecdomain/#/commonPage_4.

[3] 中华人民共和国国务院令(第 559 号). 规划环境影响评价条例[EB/OL].(2009-08-21)[2021-08-26].
http://www.gov.cn/flfg/2009-08/21/content_1398566.htm.

[4] 中华人民共和国生态环境部．环境影响评价技术导则　总纲(标准号：HJ 2.1-2011 代替 HJ/T 2.1-1993)[S/OL].(2011-09-01)[2021-08-26].
http://www.mee.gov.cn/ywgz/fgbz/bz/bzwb/other/pjjsdz/201109/t20110908_217113.shtml.

[5] 中华人民共和国生态环境部．规划环境影响评价技术导则　总纲(标准号：HJ 130-2014 代替 HJ/T 130-2003)[S/OL].(2019-12-13)[2021-08-26].
http://www.mee.gov.cn/ywgz/fgbz/bz/bzwb/other/pjjsdz/201912/t20191224_749944.shtml.

[6] 中华人民共和国生态环境部．建设项目环境影响技术评估导则(标准号:HJ 616-2011)[S/OL].(2011-04-08)[2021-08-26].
http://www.mee.gov.cn/ywgz/fgbz/bz/bzwb/other/pjjsdz/201104/t20110414_209206.shtml.
[7] 中国健康教育中心．健康影响评价理论与实践研究[M].北京:中国环境出版集团,2019.
[8] 中国健康教育中心．健康影响评价实施操作手册(2019 版)[M].北京:人民卫生出版社,2020.
[9] 王罗春．环境影响评价．北京:冶金工业出版社,2012.

第四部分

空间规划健康影响评价技术指南及参考案例

本部分技术指南基于《健康影响评价实施操作手册(2019 版)》,针对特定空间范围的规划编制方案,说明健康影响评价的引入和评价路径,包括评价流程、评价指标以及具体评价方法等内容,并通过实践案例图文并茂地展示具体评价过程,以期为相关实践提供指导与参考。

本部分技术指南所涉及的健康影响评价对象为规划编制"方案"。定位于国土空间规划的市级、县级和乡镇级层面,以城镇开发边界内的规划方案为主(包括总体规划和详细规划)。另外,开展特定专项规划(如公园绿地规划,体育设施布局规划)的健康影响评价亦可参考借鉴本指南。

本部分技术指南主要面向"规划编制方案"设计者,其次是规划管理者和健康影响评价专业人员等。健康影响评价应在规划方案专家评审前或同时开展,评价结果可作为优化方案的重要依据。

由于空间规划领域的特殊性,其健康影响评价在基本程序和技术方法上有所调整和拓展。

1 国土空间规划体系

国土空间规划从多尺度的城市建成区和乡村地区的整体空间角度，统筹安排国土空间的管治，将主体功能区规划、城乡规划、土地利用规划和环境保护规划等多种涉及国土资源利用相关规划进行有机融合。

2019 年 5 月 23 日，中共中央、国务院《关于建立国土空间规划体系并监督实施的若干意见》明确了国土空间规划的内涵，提出了构建多层级的国土空间规划体系，并明确各类规划所处地位与作用。国土空间规划体系综合考虑人口分布、经济布局、国土利用、生态环境保护等因素，整体谋划国土空间开发保护，科学布局生产空间、生活空间、生态空间，是推进生态文明建设、提升促进国家治理能力的重要途径。

当前我国建构的国土空间规划体系涵盖三种规划类型和五个空间尺度(图 4-1)。三种规划类型包括总体规划、详细规划和相关专项规划；五个空间尺度是指全国、省级、市级、县级和乡镇级的国土空间总体规划，其中国家级规划侧重战略性，省级规划侧重协调性，市县级和乡镇级规划侧重实施性。从五个空间尺度来看，高层级的国土空间规划将作为下一层级国土空间规划的指导和编制依据。从三类规划之间协调关系来看，国土空间总体规划强调规划的综合性，应起到纲领性和引导性作用，统筹平衡相关要素的空间需求的同时，作为详细规划和相关专项规划的依据；详细规划强调实施性，一般是在市县及以下空间层面开展，为开展国土空间开发保护活动提供法定依据；专项规划强调专门性，可在国家级、省级和市县级空间层面开展，专项规划的重要内容应纳入相应详细规划。

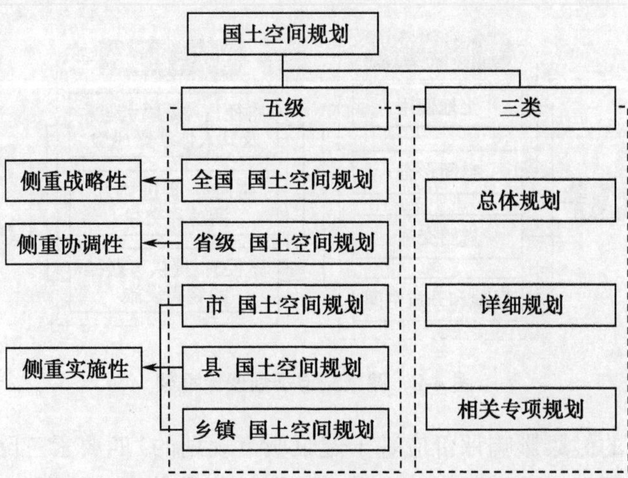

图 4-1 国土空间规划体系的三种类型和五个空间尺度

2 国土空间规划的健康影响评价

2.1 开展国土空间规划健康影响评价的意义

国土空间规划作为政府在空间和时间上统筹安排国土空间资源的一种方式，在空间资源配置过程中对公共健康加以考虑，是保障国土开发和保护、有利于我国人民身心健康、推进“健康中国”建设的重要途径。

针对国土空间规划开展健康影响评价将是对“将健康融入所有政策”策略的贯彻落实，更将为规划方案提供优化思路，支撑国土空间规划的决策，推动国土空间规划的健康导向，促进大众健康。

2.2 城市空间规划健康影响评价的理论框架

国土空间规划作为城乡空间开发和保护、社会基础性支撑设施配置的依据，为我国城乡建设提供了物质空间基础。以城市为例，城市空间规划应以“健康的城市规划”为方式方法，以“健康城市的规划”为目标。

在我国国土空间规划体系中，健康城市规划应以“四要素三路径”（图 4-2）作为基础理论框架，通过可以掌控的影响公共健康四大要素，经三个路径影响居民身心健康。四类要素包括：土地使用、空间形态、道路交通以及绿地和公共开放空间。提升居民身体和心理健康的三个规划优化路径包括：减少污染源及其人体暴露风险、促进体力活动和交往、提供可获得的健康设施。该理论框架同样适用于乡村规划。

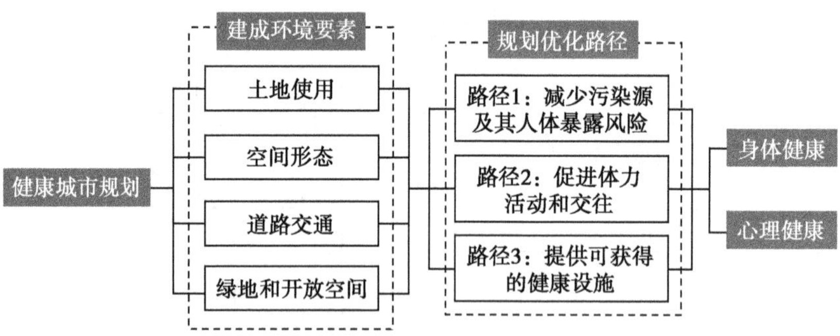

图 4-2 健康城市规划理论框架

城市空间规划的健康影响评价应基于健康城市规划的“四要素三路径”，着重分析“四要素”对“三路径”所涉及领域的影响以及对人群健康及健康公平所产生的消极和积极影响，从而提出规划优化的建议。

2.3 空间规划健康影响评价的程序

针对规划编制的流程特点，《健康影响评价实施操作手册（2019 版）》提出面向规划方案的健康影响评价程序，包括“准备（含筛选和内容界定两个步骤）- 评估 - 方案优化 - 再评估-方案确定”五大阶段。其中，通过“筛选-内容界定-评估-方案优化”四个步骤完成规划方案的第一轮健康影响评价；对优化后方案的“再评估”是为了最后的“方案确定”。“优化-评估”是一个循环的过程，其目的是为保障规划方案能够达到预设的健康影响目标。

(1) 评估准备阶段：包含“筛选”和“内容界定”两个具体步骤。

通过“筛选”确定是否要对规划方案开展健康影响评价。“筛选”主要针对土地使用、空间形态、道路交通以及绿地和开放空间等建成环境“四要素”是否对健康产生影响、影响范围及严重程度等方面进行初步判断。参考本书第二部分“5.3 筛选”，“表 2-3 健康影响评价筛选清单”和“表 2-4 健康影响评价筛选意见汇总表”。

通过“内容界定”明确规划方案属于哪种规划类型、处在哪种规划空间层级、需要针对哪些内容开展评价，并根据规划方案的信息基础，确定与评价内容相对应的评价指标、评价维度和评价方法。

(2) 评估阶段：根据“内容界定”步骤所确定的评价方法，评估规划方案在减少污染源及其人体暴露风险、促进体力活动和交往、提供可获得的健康设施三方面可能产生的影响，通过相关评价指标进行衡量，或者预测可能出现的健康结局（特定疾病等），从而明确规划方案存在问题并提出相应调整的重点区域、内容（指标）和方法。评估结束后，相关的结果及建议填入空间规划项目健康影响评价分析评估表（表 4-1）和反馈及备案表（参考本书第二部分“表 2-8 健康影响评价意见反馈及备案表”）。

表 4-1　空间规划项目健康影响评价分析评估表（专家组）（示例）

评估维度及目的		规划条款	对应的健康决定因素	潜在的健康影响		提出的优化建议（理由）
维度	目的（三路径）			积极 / 消极	影响的描述	
健康风险叠加分析	减少污染源及其人体暴露风险	第三节 公共服务设施规划	环境因素：废物处理	积极 / 消极	现状扩建的污水处理厂：与城市居住及公共服务设施用地保持必要的卫生防护距离，加强环境绿化等，以减少影响周边环境以及居民生产、生活等	污水处理厂应设置 300m 的卫生防护用地，卫生防护距离内宜种植高大乔木等
		……	……	……	……	……
健康资源品质分析	促进体力活动和交往	第五节 慢行交通系统	环境因素：健身场地和设施	积极 / 消极	慢行交通系统的规划配置上，对生态、绿色、安全、公平的综合考虑	……
		……	……	……	绿地、文化活动及健身场地配置等，……	……
健康要素公平分析	提供可获得的健康设施	第三节 公共服务设施规划	公共服务的可及性、公平性和质量	积极 / 消极	在医疗、教育、文化体育、消防、社区服务等方面的设施规划配置，是否满足居民基本生活需求；对服务质量、服务可及性及公平性的考虑	……
		……	……	……	……	……

续表

<table>
<tr><th colspan="2">评估维度及目的</th><th rowspan="2">规划条款</th><th rowspan="2">对应的健康决定因素</th><th colspan="2">潜在的健康影响</th><th rowspan="2">提出的优化建议（理由）</th></tr>
<tr><th>维度</th><th>目的（三路径）</th><th>积极 / 消极</th><th>影响的描述</th></tr>
<tr><td>健康结果预测分析</td><td>疾病或死亡发生的可能性</td><td>……</td><td>……</td><td>……</td><td>……</td><td>……</td></tr>
</table>

（3）方案优化阶段：基于“评估阶段”的结果和调整的重点区域，根据相关导则建议、指标调控原则，明确具体优化路径和措施，进行方案优化。

（4）再评估阶段：对优化后规划方案做再次健康影响评价工作，检验新方案的健康综合效应。在具体实施过程中，可根据实际评估的项目及评估结果，确定“再评估”的形式和方法。

（5）方案确定阶段：基于规划方案的再评估结果，确定规划方案具有积极健康促进的作用而被采纳；或者因为再评估结果不佳，而需要继续优化明确存在“健康问题”的地方，直至符合规划方案中设定的公共健康目标。

3　空间规划方案健康影响评价的技术方法

3.1　空间规划健康影响评价的维度

基于《健康影响评价实施操作手册(2019 版)》和本部分 2.2“城市空间规划健康影响评价的理论框架”,空间规划的健康影响评价可从健康风险叠加、健康资源品质、健康要素公平和健康结果预测四个维度进行。其中,前三个维度分别从健康影响的消极、积极和健康公平三个方面分析建成环境“四要素”对“三路径”所涉及领域的影响,第四个维度则是对空间规划所产生的健康结局影响进行预测。通过这四个维度的分析,最终提出规划优化的建议。

(1) 健康风险叠加分析:通过明确各类风险要素分布情况(包括用地、交通、市政等)以及对风险要素可能产生影响的城市背景环境因素(如风场、温度、湿度),进行叠加分析,综合评估规划方案潜在的对居民健康不利的影响,识别高风险区域,提出相应的规划优化思路和方法。

(2) 健康资源品质分析:“健康资源”主要包括公共服务设施和公共开放空间两类,其中公共服务设施包括医疗设施、体育设施、康养设施等;公共开放空间包括广场、公园等。健康资源品质分析以设施或空间的可达性以及服务水平评价为主,包括基于道路阻抗的设施服务区分析、服务覆盖率、设施和空间的舒适度分析,以及场所、景观设计对使用者空间感受的影响等。凡是有助于健康环境营造、健康活动促进等方面的规划要素均应考虑作为健康资源纳入分析。健康资源品质分析可采用 WHO 健康经济测量工具(health economic assessment tools,HEAT)和评价问卷 / 量表。

(3) 健康要素公平分析:充分考虑不同特征人群空间分布的差异化,合理分析其对健康要素(如体育、医疗、公园绿地和养老设施等)的需求,在空间布局规划中有针对性、更加精细化地布局健康要素。如不同等级规模的儿童医疗设施与服务范围内居住人口中儿童数量的匹配程度分析;根据区域内流动人口规模,分析健身步道里程是否共同满足常驻居民和流动人口的使用需求。健康要素公平分析可以行政区划单元(城区、街道或居委会)作为分析单元,采用基尼系数和份额指数模型分析方法分析。

(4) 健康结果预测分析:通过预测模型估计在规划方案完全实施的情况下,可能产生的疾病发生(或死亡)的程度。在分析中,预测模型的建构是核心。可通过本地主要健康问题(如呼吸系统疾病、肥胖、心血管疾病、糖尿病等)和环境数据,构建回归预测模型,针对具体规划方案开展预测。也可借用其他具有相似城市环境背景、项目规模以及评价目标的城市或地区已经实践或公布的预测模型(如多元线性回归模型)。

3.2　空间规划健康影响评价的方法

基于国内外空间规划领域的健康影响评价实践,健康影响评价方法包括定量与定性两类方法,互为补充。

(1) 定性评估方法:主要通过文献研究、专业人员的经验总结、现场踏勘、访谈等方式收集数据。定性评估方法可用于描述健康问题及进行原因分析,对把握当地的总体情况,尤其是对难以定量的社会要素如“感受”“期望”等非常必要。

对定性评估方法所收集的资料，也可以通过量化进行分析，譬如定性访谈资料的定量化分析、专家打分法和矩阵分析法等。

(2) 定量评估方法：定量评估方法需要基于历史和现状的量化数据进行分析评估，对资料和分析者的要求均比较高，调查样本量大小、数据完整性、分析者能力均在极大程度上影响结果。因此定量评估方法通常在因果关系明确或暴露 - 反应关系经过验证的前提下使用，分析结果可确定受影响的人口数量。

根据空间规划健康影响评价的内容和评价维度，定量评估方法大致可分为三类：评估量表法、评估模型法和预测模型法。健康影响评价的不同维度可选用不同的方法（表 4-2），如健康风险叠加分析主要采用评价量表法；健康资源品质分析综合采用评价量表法和评价模型法（如 HEAT）；健康公平分析主要采用评价模型法（如基尼系数和份额指数模型）；而健康结果预测分析则是采用预测模型法（如回归分析模型）。各具体方法的实施可参照《健康影响评价实施操作手册（2019 版）》相应章节以及相关专业书籍。

表 4-2 健康影响评价不同维度的评估方法和工具建议

评价维度	量表法	评价模型*	预测模型
健康风险叠加分析	根据规划方案的特点、评价内容和基础数据获取情况设计评价量表 / 问卷	/	/
健康资源品质分析		HEAT 工具	/
健康要素公平分析		基尼系数；份额指数分析法	/
健康结果预测分析	/	/	回归模型

注：* 针对宏观层面的规划方案。

3.3 空间规划健康影响评价的关键技术

在开展空间规划的健康影响评价中，收集和整理基础数据、划定空间分析单元、选择评价方法和评价 / 预测模型、确定分析结果中重点关注区域以及规划优化是关键技术环节。

(1) 收集和整理基础数据：健康影响评价所需的基础数据主要来源于规划方案和文本。

通常情况下，需要收集整理规划方案有关建成环境“四要素”的数据：①土地使用数据（规划用地布局、用地性质）；②空间形态数据（地块建筑密度、容积率、平均建筑高度）；③道路交通数据（道路中心线、慢行道路线路、道路等级信息、匝道口、隧道口）；④绿地和开放空间数据（绿地和广场分布、绿地性质、等级规模）。

另外，需要尽量收集相关背景数据，包括：①社会数据（不同年龄和职业人口空间分布）；②环境数据（空气、土壤、水体、噪声）；③污染报告数据（如工业污染排放信息、餐饮污染排放记录等）；④人群健康数据（如呼吸系统疾病、肥胖、心血管疾病、糖尿病等慢性病的发病患病）等。

(2) 划定空间分析单元：空间规划的健康影响评价需要落位于具体的空间区域。因此划定空间分析单元非常重要，是开展后续定性和定量评估的基础。

一般可采用栅格分析单元和矢量分析单元两种形式。其中，栅格分析单元是指将空间分割成有规律的网格，每一个网格称为一个单元，并在各单元上赋予相应的属性值来表示实体。矢量分析单元是指用坐标和点、线、面等简单几何对象来表示空间要素，从而呈现空间的形式。

根据规划方案所处的空间层面，建议合理采用栅格分析单元；由于行政区划单元（如城区、街道、居委会）往往是社会经济属性相关数据的统计口径单元，建议矢量分析单元基于行政区划单元。

(3) 选择评价方法和评价 / 预测模型：在“内容界定”阶段确定规划方案健康影响评价是采用定性评估还是定量评估或综合评估方法。评估方法的选择根据规划方案的类型、对健康考虑的程度以及地方评估资源等因素来确定。

表 4-2 针对空间规划健康影响评价的四个维度，对定量评估方法和工具的选择做了简单建议，可供参考。

(4) 确定分析结果中重点关注区域：确定不同评估内容下的健康风险高聚类区域、健康资源品质和健康要素公平低聚类区域，作为规划方案优化中需要考虑的重点区域。在定量评估中，这些区域可以通过 Arcgis 中的空间聚类分析工具实现。

(5) 规划优化：评价结果从规划方案整体层面和空间具体层面评估了方案可能带来的健康影响，规划编制人员需根据相关导则建议、指标调控原则进行方案优化。

针对规划方案整体层面的评价结果，规划编制人员可以从重点指标出发，通盘考虑规划方案，对相关调节指标进行调整优化，以符合基础健康基线目标。

针对空间具体层面评定结果，规划编制者可以重点考虑存在“健康问题”较为显著的区域，通过方案调整降低这些区域未来可能出现的健康风险。

4 对空间规划健康影响评价的思考

国土空间规划体系综合考虑人口分布、经济布局、国土利用、生态环境保护等因素，整体谋划国土空间开发保护，科学布局生产空间、生活空间、生态空间，是对主体功能区规划、城乡规划、土地利用规划和环境保护规划等多种国土资源利用相关规划的有机融合。

由于国土空间规划体系的多元性、综合性和前瞻性，对国土空间规划的健康影响评价提出了更高的技术要求，譬如对不同规划类型（总体规划、详细规划、相关专项规划）、不同空间尺度（国家、省、市、县、乡镇）的健康影响评价，所考虑的重点、评价的维度和采取的评价方法均会有所不同。

(1) 总体规划和相关专项规划层面的健康影响评价：可重点关注规划用地的布局，项目设置对城市发展、环境、人类生存和健康的潜在消极影响，减少污染源及其人体暴露风险。尤其是区域基础设施布局（如垃圾填埋场、污水处理厂、垃圾焚烧厂、轻轨编组站、高铁站、变压站等），通过评价后的再优化，达到"邻避设施"在国土空间规划布局优化。在评价方法上则更倾向于定量的分析和预测。

(2) 详细规划层面的健康影响评价：可侧重于对人类生活健康的评价，尤其是针对存量建设用地上所做的更新改造方面的单元或街区的控制性详细规划，从促进体力活动和交往、提供可获得健康设施方面进行评价。在评价方法上除了有客观的环境数据资料收集分析，更需要通过街区公众参与，直接有效地了解公众诉求和优化规划设计。

(3) 在科学定量分析基础上探索建立以"健康"结局为目标的空间规划健康影响评价技术指标体系（譬如有别于环境保护的"大气防护距离"指标，可设立"卫生健康防护距离"指标），一方面可以科学精准地预测规划布局的合理性，达到优化布局的作用，另一方面也能进一步提高健康影响评价的话语权和存在价值。

(4) 本部分的技术指南定位于国土空间规划的市级、县级和乡镇级层面，以城镇开发边界内的规划方案为主（包括总体规划和详细规划），对健康影响评价的内容、程序和方法做了梳理，其中涉及专业性分析工具和预测模型，在评价实施中应纳入规划领域专家，甚至可采取"规划领域专家为主、卫生健康领域专家参与"的形式进行。

5 案　例

本节提供了两个参考案例。宜昌市针对《宜昌市 B—WJ18 编制单元(临江坪片区)控制性详细规划》的评价案例和杭州市针对《×× 社区规划》的评价案例,两个案例针对空间规划的健康影响评价主要内容均是基于健康城市规划的“四要素三路径”,从健康风险叠加、健康资源品质、健康要素公平三个维度进行评估。

由于所评价项目均属于当地健康影响评价指定范围,且因空间规划的特殊性,本着着重介绍评价技术内容的目的,两个案例均略过了“部门初筛”和相关管理环节。两个案例在健康影响评价具体实施程序和评价方法上各有特点,可为各地借鉴和参考。

(1) 宜昌市案例所涉及规划属于县区级层面的详细规划,针对片区空间尺度进行的设计。本着同时探索基层开展空间规划健康影响评价适宜路径的目的,其评价程序基于《健康影响评价实施操作手册(2019 版)》“公共政策健康影响评价”的实施过程、宜昌市开展健康影响评价的程序和空间规划项目的评价程序,确定按照组建专家组、开展培训、筛选、内容界定、分析评估、报告和建议、评估结果使用 7 个阶段进行,“备案”及“监测评估”属于规定环节,在该案例介绍中略过。

在评价方法上,宜昌市案例从健康风险叠加、健康资源品质、健康要素公平三个维度进行定性评估。未来在资源充足和基础资料可获得的情况下,可以补充定量评估,以做出更加精确的判断。

(2) 杭州市案例所涉及的规划是针对社区层面的规划,同样属于片区空间尺度进行的设计。杭州市健康办委托第三方评估机构(同济大学城市建设与规划学院)进行健康影响评价。在案例介绍中略过相关管理环节和“方案优化及再评估及确定”阶段,重点针对评估准备阶段的“内容界定”环节和“评估阶段”进行描述。

在评价方法上,该案例主要从健康风险叠加、健康资源品质两个维度进行了定量评估,同时对健康要素公平有所涉及。其间涉及空间规划设计方面的有关内容,供了解和参考。

案例一 《宜昌市 B—WJ18 编制单元(临江坪片区)控制性详细规划》项目的健康影响评价

一、背景

党的十八大以来,国家对于城市发展提出了新要求与新理念,高度强调生态文明。宜昌市作为长江经济带重要节点城市,湖北省域副中心城市,相继出台了多个生态环保的发展规划与政策法规,新时代宜昌市的发展方向以保护生态环境为底线,“生态引领、绿色发展”是宜昌市的必然选择。

当前,宜昌市城市发展逐步由西陵区单核极化向西陵区—伍家岗区双心联动转变,临江坪片区作为伍家岗区组团的门户区域,将迎来新一轮城市建设高潮。随着伍家岗区长江大桥、花溪路、沿江大道、滨江公园的建设,共联村拆迁和村民安置工作的先期开展,城市面貌发生重大转变。然而,由于片区原有状况存在功能混杂、空间紊乱、主次干路缺乏、整体建设粗放等问题,为缓解片区未来城市发展需求与自身建设滞后的各种矛盾,有效引导新形势下片区发展，宜昌市自然资源和规划局（原宜昌市规划局）于2019年组织编制了《宜昌市B—WJ18编制单元（临江坪片区）控制性详细规划》。该规划于2019年10月评审通过，于2020年1月由市人民政府批准实施。

为更好地评估国土空间规划对人群的健康影响，探索宜昌市开展国土空间规划健康影响评价工作的适宜方法和路径，宜昌市健康办根据宜昌市人民政府关于印发《宜昌市公共政策健康影响评价实施方案（试行）》的通知精神，决定对《宜昌市B—WJ18编制单元（临江坪片区）控制性详细规划》项目（以下简称“控规”项目）实施专项健康影响评价。评价工作由健康宜昌专家委员会负责，宜昌市自然资源和规划局配合。

二、健康影响评价过程

(1) 成立健康影响评价工作组：根据规划方案的类型及内容，健康宜昌专家委员会邀请公共卫生、环境卫生、健康促进、卫生统计、流行病学、测绘类、地理科学类等领域的7名专家组成健康影响评价工作组。

(2) 开展培训：基于《健康影响评价实施操作手册（2019版）》，对规划编制人员、健康影响评价工作组专家及相关人员进行评估前培训，内容包括健康影响评价背景、定义、实施路径和评价方法。

(3) 筛选：专家组通过阅读“控规”成果文件（包括规划文本、图纸、说明书和分图则，以及专家评审意见和政府批复）和集体讨论，针对土地使用、空间形态、道路交通和绿地及开放空间“四要素”是否对健康产生影响、影响范围及严重程度等方面进行初步判断，并完成公共政策健康影响评价筛选意见汇总表（表4-3）。

专家组成员一致认为：“控规”项目保障了区域用地的协调性，完善了区域道路交通的通达性，营造了区域空间结构的连续性，满足了人们对区域设施的需求性，具有积极影响；但项目中涉及公共服务设施的现状保留和扩建新建，慢行交通系统的规划建设，在减少风险暴露、促进体力活动和交往、健康设施可获得性方面存在潜在影响，需要进行健康影响评价，针对潜在的消极影响因素提出优化建议，有助于该项目可持续发展。

(4) 内容界定：《宜昌市B—WJ18编制单元（临江坪片区）控制性详细规划》属于县区级层面的国土空间规划，针对片区空间尺度进行编制。基于“筛选”结论，“控规”编制中对区域用地的协调性、道路交通的通达性、空间结构的连续性和区域设施的需求性保障上均遵循“生态引领、绿色发展”“以人为本”的理念进行了考虑；但项目中涉及公共服务设施的现状保留和扩建新建、慢行交通系统的规划建设，在减少风险暴露、促进体力活动和交往、健康设施可获得性方面可能存在潜在影响，因此本次健康影响评价主要针对上述内容，从健康风险、健康资源品质和健康要素公平三个维度进行分析。

基于“控规”项目目前处于实施阶段，以及本次评价的目的是探索宜昌市开展空间规划健康影响评价的方法路径，并促进“控规”项目预设积极健康影响目标的实现，确定本次评价采用定性评估方法，通过文献查阅、现有资料整理分析、关键人物访谈、专家咨询和专家组讨论等方式进行。

(5) 分析评估：

1) 基础资料收集整理：包括文献检索和“控规”项目资料收集整理。前者主要是检索有关污水处理厂、垃圾中转站、粮食仓库、城市快速路和交通性干道等的规划设计及其健康相关影响的文献资料，进行归纳整理，以便提出针对现存问题的建设性建议。后者主要收集

表 4-3　公共政策健康影响评价筛选意见汇总表

<table>
<tr><td>政策名称</td><td colspan="5">《宜昌市 B—WJ18 编制单元(临江坪片区)控制性详细规划》项目</td></tr>
<tr><td>起草部门</td><td colspan="5">宜昌市自然资源和规划局</td></tr>
<tr><td>报送部门</td><td colspan="5">健康宜昌专家委员会</td></tr>
<tr><td>筛选方法</td><td colspan="5">专家咨询、小组会议</td></tr>
<tr><td colspan="6">评议组筛选意见汇总(300~500 字)
编制规划前,临江坪片区中现有的临江溪污水处理厂、天然气储备站、油脂储备库,因其对周边用地安全间距有要求,对用地条件产生一定制约;同时片区内科教文卫设施缺乏,且地形对公共服务设施的覆盖有一定限制。
《宜昌市 B—WJ18 编制单元(临江坪片区)控制性详细规划》项目解决了上述问题,此外遵从城市设计形态,项目细化容量控制指标(划分 120 个地块),完善公共设施配套(十分钟生活圈服务设施、五分钟生活圈服务设施),补充市政工程与防灾减灾内容(给水工程、电力工程、雨水工程、污水工程、电信工程、燃气工程、综合管线规划、环卫设施规划),划定四线管控范围,强化生态保护与修复。
专家组通过对“控规”文本的阅读分析和集体讨论,认为该项目保障了区域用地的协调性,完善了区域道路交通的通达性,营造了区域空间结构的连续性,满足人们对区域设施的需求性,具有积极影响。但项目中涉及船舶柴油机重件码头、加油加气站、燃气储备站、污水处理厂污水提升泵站、垃圾转运站、粮食仓库等公共服务设施的现状保留和扩建新建,以及慢行交通系统的规划建设,在减少风险暴露、促进体力活动和交往、健康设施可获得性方面可能存在潜在影响,需要进行健康影响评价,针对潜在的消极影响因素提出优化建议,有助于该项目可持续发展。</td></tr>
<tr><td colspan="6">参与评价专家及成员签字:

日期:</td></tr>
<tr><td colspan="6">投票结果统计</td></tr>
<tr><td rowspan="2">参与人数</td><td colspan="3">投票结果</td><td colspan="2" rowspan="2">结论:是否开展健康影响评价</td></tr>
<tr><td>同意</td><td>反对</td><td>弃权</td></tr>
<tr><td>7</td><td>7</td><td>0</td><td>0</td><td>是√</td><td>否</td></tr>
</table>

《宜昌市 B—WJ18 编制单元(临江坪片区)控制性详细规划》成果文件,包括规划文本、图纸、说明书和分图则,以及专家评审意见和政府批复。

2) 关键人物访谈:访问“控规”项目设计者及其分管领导,就“控规”编制背景、目的以及重要作用,规划的目标、性质和规模以及土地利用、园林绿地、市政公用设施、综合交通、容量、防灾减灾等内容进行访谈和听取介绍。相关结果参见本案例附件:“控规”编制相关内容。

3) 专家咨询:参与健康影响评价各专家基于“控规”项目成果文件,参考《健康影响评价实施操作手册(2019 版)》相关内容(表 3-4 健康决定因素清单、第三部分空间规划健康影响评价技术指南及案例),分析了建成环境“四要素”(土地使用、空间形态、道路交通和绿地及开放空间)对减少污染源暴露及其人体暴露、促进体力活动和交往、提供可获得的健康设施三方面(“三路径”)的考虑,描述了“控规”项目在上述三个方面对健康的潜在消极、积极和公平影响,并提出了相应建议,完成健康影响评价分析评估表(个人)。

4) 专家组讨论:专家在完成个人独立评估后,进行集中讨论。各专家分别阐述个人对

“控规”项目所涉及主要健康决定因素及其可能健康影响（“四要素三路径”）的评估。专家组组长引导完成集体讨论，对“控规”项目所产生的潜在健康影响进行描述，并提出相应建议。具体分析结果见表4-4健康影响评价分析评估表（专家组）。

表4-4 《宜昌市B—WJ18编制单元（临江坪片区）控制性详细规划》健康影响评价分析评估表（专家组）

评估维度及目的		政策条款	对应的健康决定因素	潜在的健康影响		提出的政策修改建议（理由）
维度	目的（三路径）			积极/消极	影响的描述	
健康风险叠加分析	减少污染源及其人体暴露风险	第四章 第三节 公共服务设施规划	环境因素：空气质量	消极	现状保留的宜昌船舶柴油机重件码头：大气污染风险	本次评价没有另行建议。 理由：“控规”已结合《城市居住区规划设计标准》《生活垃圾转运站技术规范》《汽车加油加气站设计与施工规范》《城市排水工程规划规范》《压缩天然气供应站设计规范》《城镇燃气设计规范》《城市公共服务设施规划标准》《环境控制性详细规划编制研究与实践探索》《宜昌市中心城区环境控制性详细规划（2018—2030年）》等标准，对所涉及的空气质量、水质量、土壤质量、废物处理、噪声、病媒生物、职业防护和健康管理、绿化环境等潜在安全和健康影响因素进行了用地和设计上的考虑，以减少人群风险暴露
			公共服务的质量	消极	现状保留的加油加气站：安全风险、健康风险	
			公共服务的质量	消极	现状保留的燃气储备站：安全风险、健康风险	
			环境因素：废物处理	消极	现状扩建的污水处理厂：安全风险、健康风险	
			环境因素：废物处理	消极	新建的污水提升泵站：安全风险、健康风险	
			环境因素：废物处理；公共服务的质量	消极	新建的垃圾转运站：安全风险、健康风险	
			公共服务的质量	消极	现状保留的粮食仓库（宝塔河粮库）：安全风险、健康风险	建议粮食仓库整体搬迁。 理由：粮食仓库的建设应满足近期建设所必需的场地面积，并应根据中、远期发展规划留有适当的发展余地。粮食仓库所在地应远离污染源及易燃易爆场所，且应位于污染源全年最小频率风向的下风侧。目前粮库所在区域定位是以居民生活区域为主，人群人数在后续几年中会持续增加，不管是从粮库周围环境还是粮库建设规划来看，都存在一定的安全和健康风险

续表

评估维度及目的		政策条款	对应的健康决定因素	潜在的健康影响		提出的政策修改建议（理由）
维度	目的（三路径）			积极/消极	影响的描述	
健康资源品质分析	促进体力活动和交往	第四章 第二节　用地规划布局、 第三节　公共服务设施规划； 第七章　园林绿地及景观系统规划； 第十三章　城市设计引导	环境因素： 绿化环境； 文化娱乐休闲场所和设施；健身场地和设施	积极	在绿地覆盖率、文化活动及健身场地配置、慢行 交通系统的规划配置上综合考虑生态、绿色、安全，促进了居民体力活动和交往，提升居民身心健康	建议：在公共卫生服务设施和空间的可达性上针对弱势人群(包括老年人、残疾人、务工人群等)做进一步的考虑。对健康资源品质和健康要素公平其他方面，本次评价没有另行建议 理由："控规"在公共开放空间设计上按照国土空间规划要求，对接城市设计等相关规划，营造江河环绕、丘陵起伏的景观空间，其中水域、农林、广场以及公园用地占总规划面积的59.57% "控规"在慢行交通系统建设上结合自然山体的利用，建设连山通水的步行道路，强调灾害避让；在片区内合理组织公园、广场及城市道路人行和非机动车道之间的联系，规划完善成网络的自行车交通系统。 "控规"在公共服务设施和公共开放空间设计上遵守以人为本、特色营造原则。打造5分钟生活圈、10分钟生活圈，完善配套服务功能，满足区域居民需求。结合长江码头文化、城市设计风貌，打造城市特色景观风貌区，提供居民休闲、娱乐、文化熏陶及体育锻炼的场所和空间
		第六章 第五节　慢行交通系统； 第十三章　城市设计引导	环境因素： 健身场地和设施 公共卫生服务的可及性、公平性和质量	积极	慢行交通系统中注重健康支持性环境的打造，促进居民更多的采纳文明健康绿色环保生活方式，实现区域建设与人的健康协调发展	
健康要素公平分析	提供可获得的健康设施	第四章 第三节　公共服务设施规划、 第四节　区域对接； 第十三章　城市设计引导	公共卫生服务的可及性、公平性和质量	积极/消极	积极影响：在医疗、教育、文化体育、消防、社区服务等方面考虑5至10分钟生活圈服务设施规划配置，满足居民基本生活需求 消极影响：对弱势人群(包括老年人、残疾人、务工人群等)的设施及空间可及性上的考虑不够	

(6) 报告与建议：本次针对“控规”项目，健康影响评价专家组采取文献查阅、现有资料整理分析、关键人物访谈、专家咨询和专家组讨论等方式进行了健康积极、消极和公平影响的定性评估。在完成评估后，专家组整理主要评估结果及建议，并完成表 4-5 健康影响评价意见反馈及备案表的填写和提交。

表 4-5 公共政策健康影响评价意见反馈及备案表

<table>
<tr><td>政策名称</td><td>《宜昌市 B—WJ18 编制单元(临江坪片区)控制性详细规划》项目</td></tr>
<tr><td>政策起草部门</td><td>宜昌市自然资源和规划局</td></tr>
<tr><td>报送备案部门</td><td>市健康办</td></tr>
<tr><td colspan="2">健康影响评价意见汇总
“控规”从规划总用地、公共服务设施规划配置、容量控制规划以及慢行交通系统规划四个方面，对土地使用、空间形态、道路交通和绿地及开放空间“四要素”进行综合考虑，并在减少污染源暴露及其人体暴露、促进体力活动和交往、提供可获得的健康设施“三路径”上进行了规划设计，对减少居民健康风险暴露、保障健康资源品质和健康要素公平方面均有考虑，具有积极的健康影响。但在一些细节上还存在潜在健康风险，需做进一步提升。具体评价意见汇总如下：
一、积极影响
1. 减少污染源及人群健康风险暴露　针对可能产生人群健康潜在风险暴露的设施，如现状保留的宜昌船舶柴油机重件码头、加油加气站、燃气储备站、宝塔河粮库，现状扩建的污水处理厂，新建的污水提升泵站、垃圾转运站等，“控规”在编制中结合《城市居住区规划设计标准》《生活垃圾转运站技术规范》《汽车加油加气站设计与施工规范》《城市排水工程规划规范》《压缩天然气供应站设计规范》《城镇燃气设计规范》《城市公共服务设施规划标准》《环境控制性详细规划编制研究与实践探索》《宜昌市中心城区环境控制性详细规划(2018—2030 年)》等标准，对所涉及的空气质量、水质量、土壤质量、废物处理、噪声、病媒生物、职业防护和健康管理、绿化环境等潜在安全和健康影响因素进行了用地和设计上的考虑，以减少人群风险暴露。
2. 保障健康资源品质和健康要素公平　“控规”在公共开放空间设计上遵守生态保护、绿色发展、特色营造原则，以人为本配置公共服务设施和公共开放空间，因地制宜建设慢行交通系统，对设施 / 空间的可达性和服务水平、健康环境营造进行了综合考虑，促进居民体力活动和交往。
(1) 公共开放空间设计遵守生态保护、绿色发展原则。按照国土空间规划的要求，对接城市设计等相关规划，落实定位，整理用地，营造江河环绕、丘陵起伏的景观空间，形成“一轴一环四区多廊”的空间结构，具体为：“一轴”：城市沿江发展轴；“一环”：江河水景生态绿环；“四区”：滨江服务区，生态居住区，特色商贸区以及文创休闲区；“多廊”：多条山水通廊，其中水域、农林、广场以及公园用地为 320.56hm^2，达总规划面积的 59.57%。
(2) 公共服务设施和公共开放空间遵守以人为本、特色营造原则。打造 5 分钟生活圈、10 分钟生活圈，完善配套服务功能，满足区域居民需求。以长江码头文化作为亮点，以休闲娱乐等业态为突破点，打造新奇、欢乐的滨江体验式空间。以城市设计风貌引导，形成滨水特色风貌控制区、现代居住风貌控制区、丘塘特色风貌控制区、文创更新风貌控制区、工业景观风貌控制区五个特色景观风貌区。
(3) 慢行交通系统建设遵循因地制宜和生态最小干预的原则。结合自然山体的利用建设连山通水的步行道路，强调灾害避让；在片区内合理组织公园、广场及城市人行道路和非机动车道之间的联系，规划完善成网络的自行车交通系统，促进居民更多的采纳文明健康、绿色环保生活方式，促进身心健康。
二、建议
1. 针对以下存在潜在健康风险的环节，建议优化　现状保留的宝塔河粮食仓库的整体搬迁。粮食</td></tr>
</table>

续表

<table>
<tr><td colspan="4">仓库的建设既应满足近期建设所必需的场地面积，又要根据中、远期发展规划留有适当的发展余地；同时粮食仓库应远离污染源及易燃易爆场所，且应位于污染源全年最小频率风向的下风侧。现状保留的宝塔河仓库目前所在区域定位是以居民生活区域为主，在后续几年中，居民人数会持续增加，不管是从粮库周围环境还是粮库建设规划来看，都存在一定的风险，建议重新规划、整体搬迁。
2. “控规”编制在绿地覆盖、文化活动及健身场地配置、慢行交通系统规划以及医疗、教育、文化体育、消防、社区服务等方面，均对健康资源品质和健康要素可及性做了综合考虑，建议“控规”实施中在空间及公共卫生服务设施可及性上对弱势人群(包括老年人、残疾人、务工人群等)做进一步的考虑和补充。</td></tr>
<tr><td colspan="4">专家组组长：
参与专家：

提交日期：</td></tr>
<tr><td>备案人(签字)</td><td></td><td>备案日期</td><td></td></tr>
</table>

三、健康影响评价结果的使用

“控规”项目健康影响评价专家组在完成评价后，将相关评价报告和建议提交至宜昌市健康办，并由其转交宜昌市自然资源和规划局，供项目实施过程中的决策参考。

本次针对“控规”项目健康影响评价发现，城市规划编制中，对于减少人群健康风险暴露、保障健康资源品质和健康要素公平等主要规划健康目标已经纳入考虑范围，因此对城市空间规划的健康影响评价可以基于现有规划文本的提炼和归纳，并做相关补充；也可以在空间规划编制相关关键环节如群众意见收集和部门专家评审时纳入健康影响评价专家的参与，从而使规划编制更好贯彻健康优先原则，符合健康城市建设和健康中国建设要求，提升居民健康水平。

四、附件：“控规”编制相关内容

“控规”编制目的及理念：围绕绿色健康的生态发展理念，植入多元的城市业态，提升临江坪片区的活力，高标准规划各类公共服务设施，打造宜昌业居游复合发展的特色活力休闲区、长江流域滨江文化特质生活体验目的地、东部入城门户的新城形象地标。

“控规”主要内容包括：规划总用地、公共服务设施规划配置、容量控制规划以及慢行交通系统规划四个方面，有关现状分布以及“控规”规划参见图 4-3 至图 4-8。

(1) 规划总用地：规划城乡总用地 538.12hm^2，其中非建设用地 280.89hm^2(长江、柏临河和若干水塘用地 163.24hm^2、山体用地 117.65hm^2)，占比 52.20%；建设用地 257.23hm^2(城市建设用地 255.97hm^2、区域交通设施用地为 1.26hm^2)，占比 47.80%。在城市建设用地中，绿地与广场用地 39.67hm^2。

(2) 公共服务设施规划配置：按照居民在合理的步行距离内满足基本生活需求的原则，依据《宜昌市城市总体规划(2011—2030 年)》《城市居住区规划设计标准》(GB 50180—2018)《宜昌市城乡规划管理技术规定(2018 版)》，并结合实际需要，按不同级别进行公共服务设施分级配置。

1) 区域公共设施：主要为现状保留的宜昌船舶柴油机重件码头，位于沿江大道与伍临

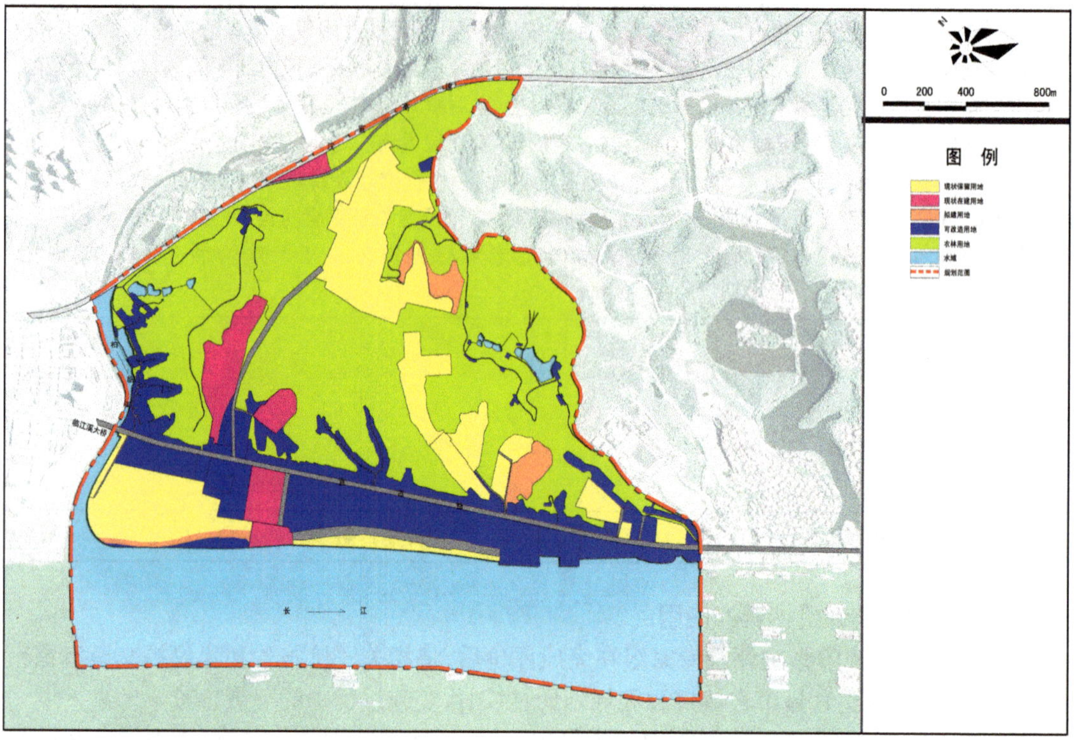

图 4-3　临江坪片区现状建设情况分布

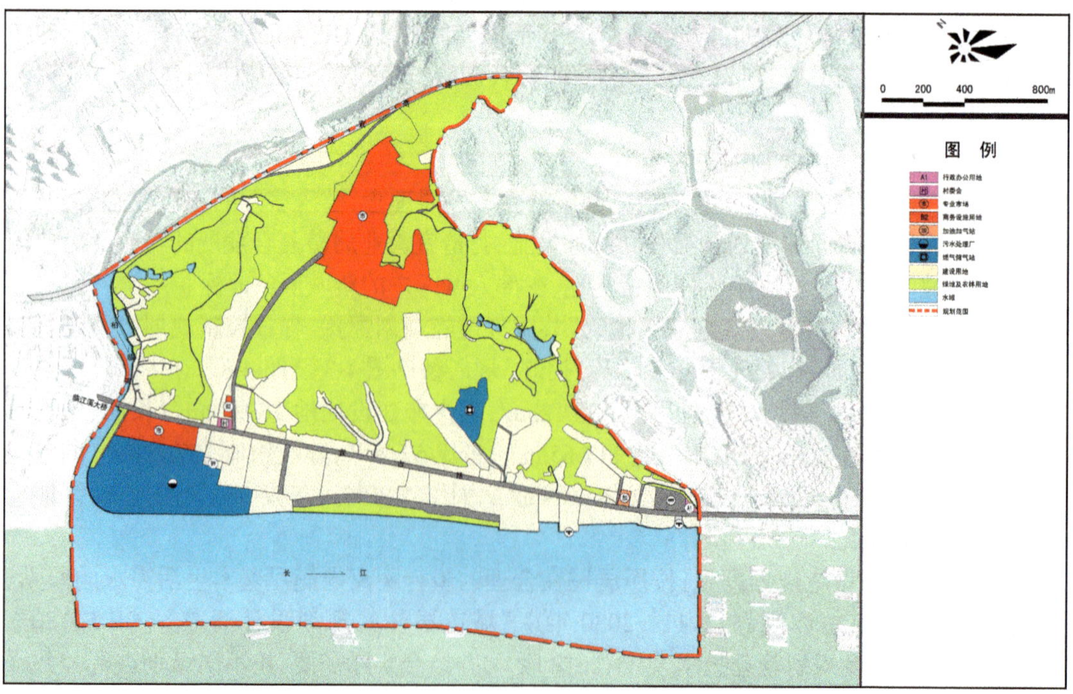

图 4-4　临江坪片区现状公共服务设施图

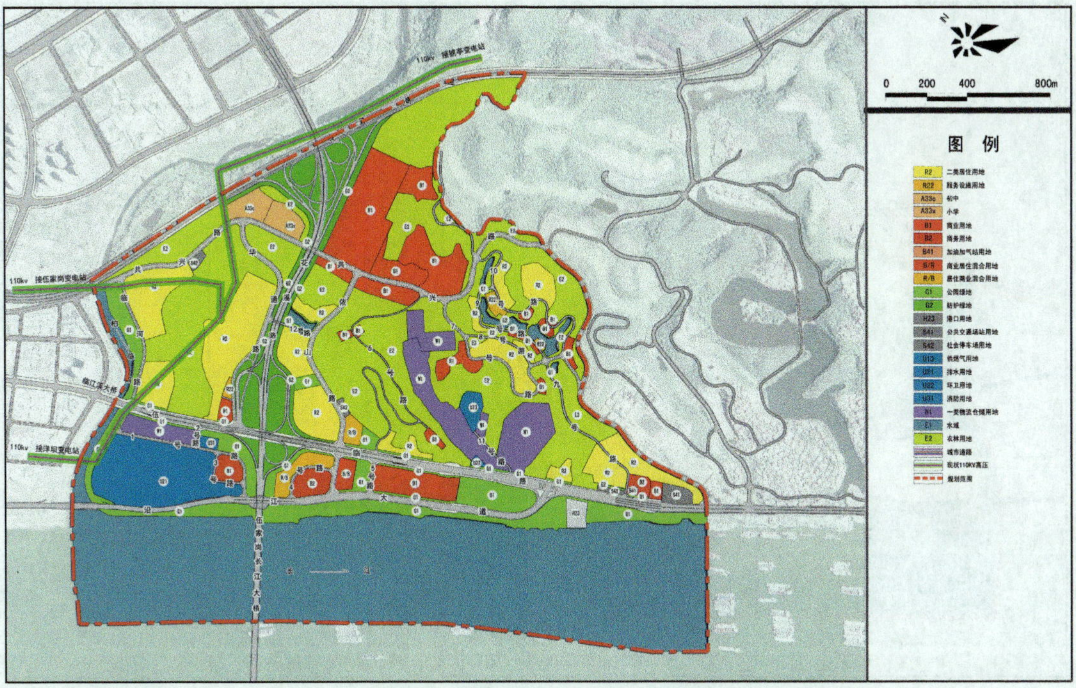

图 4-5 临江坪片区土地利用规划图

图 4-6 临江坪片区公共服务设施规划图

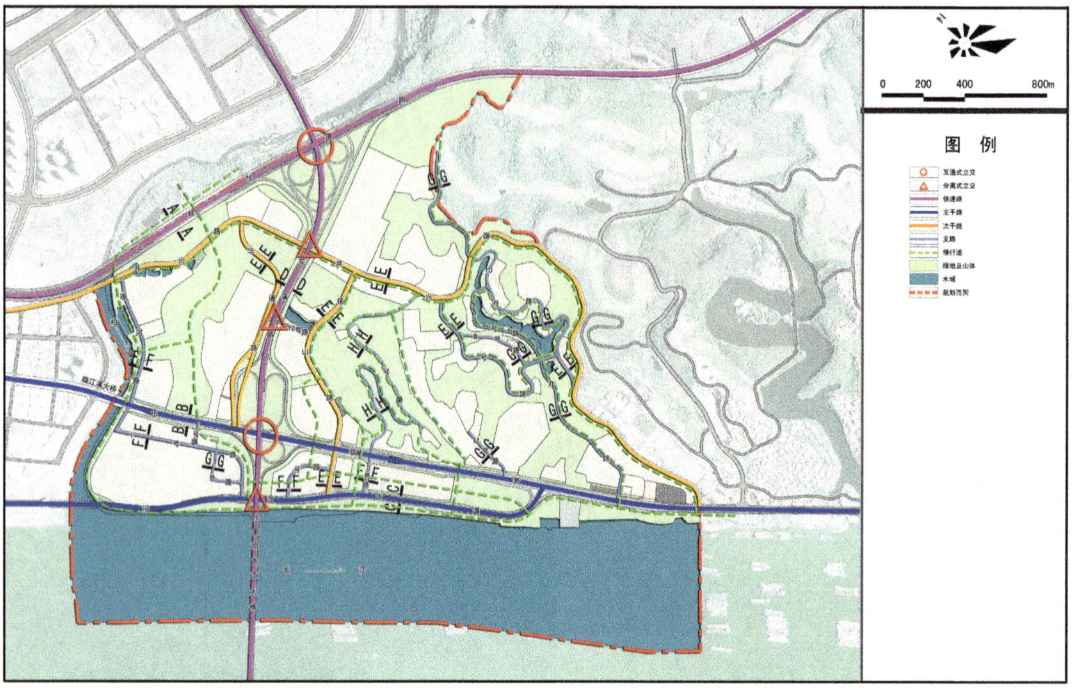

图 4-7 临江坪片区道路系统规划图

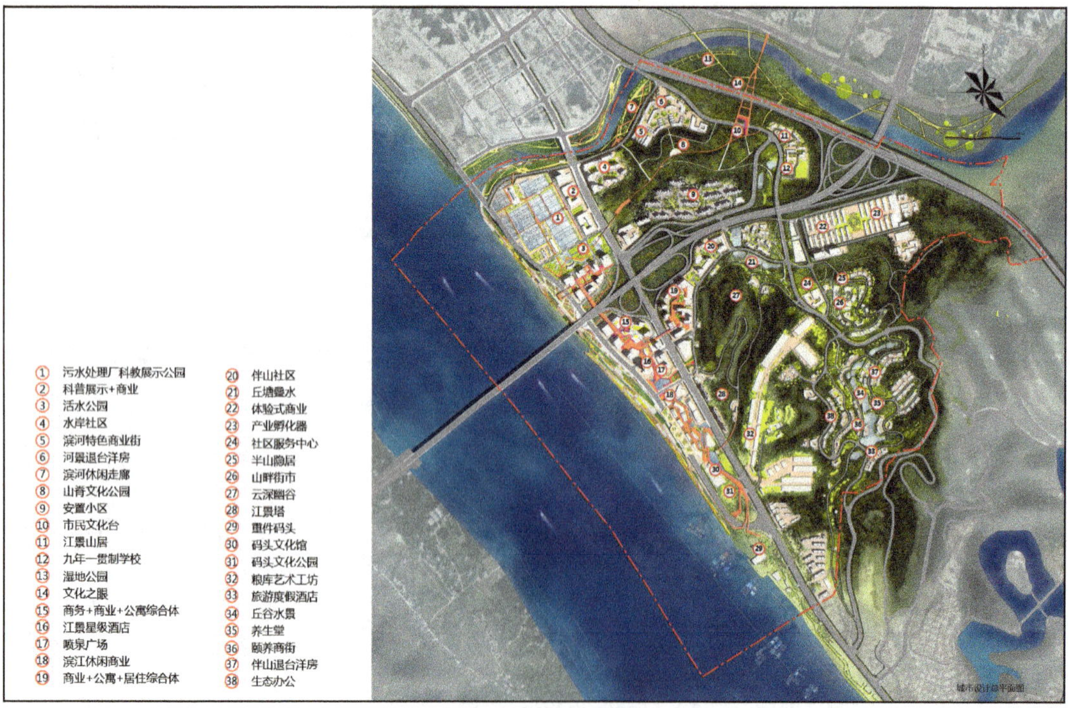

图 4-8 临江坪片区城市设计总平面图

路交汇处东侧，总用地面积为 1.26hm^2。

2）市、区级公共设施：商业服务业设施（总用地面积为 40.96hm^2，其中保留现状加油加气站 1 处，用地面积为 0.20hm^2）；物流仓储（用地面积为 18.82hm^2，其中现状保留宝塔河粮库，用地面积约 11.34hm^2）；交通设施（用地面积共 2.0hm^2，主要为公交场站设施和 3 处公共停车场，可提供社会公共停车位约 300 个）；公用设施，包括供应设施（保留现状燃气储备站，用地面积 1.46hm^2）和环境设施（规划扩建现状污水处理厂，设计污水处理能力为 30 万 m^3/d，用地面积 17.00hm^2；规划新增 1 处污水提升泵站）。

3）5~10 分钟生活圈服务设施：教育设施（规划新增 24 班初中 1 所，总用地面积 2.27hm^2。规划新增 30 班小学 1 所，用地面积 2.13hm^2。规划新增幼儿园 4 所，其中 3 所为分散于各居住地块的 6 班配建幼儿园，1 所为独立占地 9 班幼儿园，用地面积为 0.61hm^2）；公用设施，包括环卫设施（规划新增一处垃圾转运站，为粮库垃圾转运站，用地面积为 0.25hm^2）和消防设施（规划新增一处普通消防站，用地面积为 0.52hm^2）；医疗卫生设施（规划配建 2 处社区卫生服务站）；文化体育设施（规划配建 2 处社区文化活动站、配建室外综合健身场地 8 处）；社区服务设施（规划结合居住用地配建社区服务站，含居委会 2 处、村委会 1 处、托老所 2 处、生鲜超市 2 处，同时结合运动场地、商业设施、绿地等设置公共厕所 10 处）。

（3）容量控制规划：充分对接三峡机场及土门机场净空管制要求的前提下，根据技术管理规定，按照类型、建筑高度等，确定基准容积率、建筑密度、高度等指标。根据城市设计方案，对容积率、高度进行校核，并确定最终的控制指标，平衡"控规"与城市设计方案总体开发建设量，具体如下：

1）居住用地：容积率控制在 1.2~3.1，建筑密度控制在 22%~32%，绿地率不小于 30%；

2）公共管理与公共服务设施用地：容积率控制在 0.8~0.9，建筑密度控制在 25%~45%，绿地率不小于 20%；

3）商业服务业设施用地：容积率控制在 1.0~5.0，建筑密度控制在 25%~45%，绿地率不小于 20%；

4）物流仓储用地：容积率控制在 1.0 左右，建筑密度控制在 40%，绿地率不大于 15%；

5）交通设施用地：容积率控制在 0.8 左右，建筑密度控制在 20%，绿地率不小于 20%；

6）公用设施用地：容积率控制在 1.2 以内，建筑密度控制在 20%~25%，绿地率不小于 25%。

片区内现状生态条件优异，整体开发建设以中低密度为主，具体各地块的容量控制指标将严格按《宜昌市城乡规划管理技术规定》及相关规定执行。

（4）慢行交通系统：规划对自行车道和步行道等慢行交通系统进行了规划设计。要求其建设遵循因地制宜和生态最小干预的原则，尽量不开山、不填河、不改变原有道路的线路；严禁在易发生滑坡、塌方、泥石流等地质灾害的地段设置慢行道，慢行道穿越滨水地带应注意防洪安全。

1）自行车道：在片区内合理组织公园、广场及城市人行道路和非机动车道之间的联系，规划完善成网络的自行车交通系统，并根据规范要求配建自行车停车场（库），并以地面停车为主。建筑面积 2 万 m^2 以上的公共建筑、公园、广场应当按照专项规划的要求设置自行车停车设施。

2）步行道：结合自然山体的利用，建设连山通水的步行道路。在片区内充分利用现有地形地貌和优异的生态环境，结合城市绿道和道路人行道，依山就势地在自然山体上设置慢行步道，将山水特色引入到城市生活中。

案例二 杭州市《×× 社区规划》项目的健康影响评价

一、背景

2019 年浙江省两会上，“未来社区”被写入《政府工作报告》，且被定义为 2019 年扎实推进大湾区建设的“标志性项目”之一。省委省政府在大湾区建设行动计划中提出“开展未来社区示范工程建设，探索规划建设一批生活便利、密度合理、交通便捷、智慧互联、绿色低碳的未来社区”。

杭州市 ×× 杜区(下文皆称“A 社区”)的规划建设强调“未来社区”理念，是一场关于“熟人社区”的探索。未来“A 社区”设计有“九大场景”，包括邻里空间、文化家园、养老中心、健身房、老年大学、共享图书馆、幸福学堂、生鲜超市、一站式服务中心等。设计中还包含 TOD 复合化交通系统，并设置立体连廊构成慢行系统，实现人车分流。

二、健康影响评价过程

本节重点针对“内容界定”和“分析评估”环节进行描述。

（一）评估范围与评估内容界定

考虑到周边可能存在健康风险要素以及社区内健康设施对周边的可能服务共享效应，本次针对“A 社区”规划项目的健康影响评价将以该社区为中心，纳入其外拓 2km 缓冲区和“A 社区”外围另一社区（下文统称“B 社区”）的行政范围作为评估范围。

在健康城市规划理论框架（图 4-2）的基础上，本次健康影响评价综合纳入《健康社区评价标准》（编号 T/CECS 650—2020 T/CSUS 01—2020）中的部分分析指标，并结合已获取“A 社区”和“B 社区”的基础数据，从健康风险叠加分析和健康品质要素分析两个维度开展。

(1) 健康风险叠加分析：分别分析“A 社区”及周边地区潜在的土地使用、道路交通和其他服务设施等维度的健康风险要素。通过多级影响缓冲区及综合叠置分析，明确存在高或较高等级的风险区，进而提出“A 社区”在户外空间和场地设计、景观配置、临街建筑界面和人行空间设计等方面的优化或进一步细化建议。

(2) 健康品质要素分析：将“A 社区”规划设计的健康品质要素以及社区周边的健康品质要素进行整合，通过分析设施的可达性和服务覆盖明确方案设计的积极健康效应、指出可能存在的通达、共享和管理方面的问题，同时依据《健康社区评价标准》，从健康设施配置的完整度和规模的匹配度等方面评价规划方案，提出功能设施方面有待提升的地方。

（二）健康风险叠加分析

1. 描述性分析 “A 社区”及周边现状健康风险要素包含点、线、面三个维度（表 4-6）。

街道周边土地使用类的污染以工业为主（包括二类和三类工业用地），总面积超过 $50hm^2$，主要分布在社区内部的西北角和南部，2km 缓冲区集中在东西走向的一条城市次干道沿线。

道路交通类风险要素中，仅有 1 条快速路和 1 条主干道从社区及周边 2km 范围内经过，并且只有 1 个主干道和次干道交叉路口。另外在社区东南侧有一处面积约 $0.64hm^2$ 的交通枢纽用地。

其他服务设施主要从百度地图 POI（2017 年）中提取，包括公共厕所和餐饮设施，这些设施主要分布在“A 社区”所在街道的中心地段，“A 社区”内部和周边仅有 1 处公共厕所

表 4-6　“A 社区”现状及规划的健康风险要素及主要数据(缓冲区 2km 内)

健康风险要素维度	具体要素	数量 / 面积	要素类型
土地使用	二类工业用地	48.50hm^2	面状
	三类工业用地	5.69hm^2	面状
道路交通	主干道 - 次干道交叉口	1 个	点状
	快速路	1 条	线状
	主干道	1 条	线状
	交通枢纽用地	0.64hm^2	面状
其他服务设施	公共厕所	6 个	点状
	餐饮设施	21 个	点状

和 2 处餐饮设施。

2. 土地使用风险要素分析　通过多级影响缓冲区叠加分析可见，“A 社区”周边有一定规模的现状工业污染源，使得社区红线范围内的中部、南部和东部有较大面积的高值风险影响区。通过社区调研访谈了解到，“A 社区”范围内的工业用地将会被逐步迁移出去，那么未来主要的污染影响可能来源于社区东北侧的一块面积较大的二类工业污染用地和两块面积稍小的三类工业用地。

3. 道路交通风险要素分析　通过多级缓冲区叠加分析发现，“A 社区”周边的道路交通污染风险主要来源于从社区及周边 2km 范围内经过的 1 条南北走向的城市主干道和 1 条东西走向的次干道；社区中部和南部居民受到的交通污染的影响较小。

4. 其他服务设施风险要素分析　虽然社区现状区域内只有 1 处明显的其他服务设施风险影响区域，但随着规划方案的实施，这一情况将有所改变。未来需要加强对沿街商业街道的餐饮业、打印店等有潜在污染排放的监管，以降低对楼上和周边居民住宅和户外环境可能造成的健康消极影响。

5. 综合叠置分析　利用 ArcGIS 软件，采用栅格代数运算，对点、线、面健康风险要素进行综合叠加，通过自然间断法，对综合风险值进行划分，形成五个层级的健康风险影响区域，即综合健康风险影响低(0~)、较低(6~)、一般(9~)、较高(13~)和高的地区(15~17)。

分析发现：“A 社区”具有一定程度的综合健康风险影响，呈现出“以主干道 - 次干道交叉口为中心，风险程度大致圈层式降低”的总体格局。具体而言，主干道在交叉口上段沿线地区为高值风险区，东北部居住组团和东部居住组团存在面积占比较大的较高风险区，西北部和中西部的居住组团有一定面积的较高风险区，而西南居住组团受到健康风险影响的用地面积较少。

6. 建议　结合分项分析和综合分析结果，建议未来从以下几个方面进行空间优化或管理引导：

(1) 绿地和开放空间建议根据健康风险等级开展差异化景观和场地设计：在风险程度较高或周边存在较大风险的地区种植较为高大的乔木和灌木作为防护绿带，提高滞尘和净化空气作用，同时降低居民高风险环境暴露的可能，不建议开展大规模和高强度的体力活动。健康风险影响较高的绿地和开放空间建议采用草地和灌木相结合的方式，在强调空气净化的同时要布置环境监测设施，适宜在环境监测数据较好地情况下推荐居民户外活动。那些健康风险影响更小的地区适宜布置多样化的户外活动空间，如体育设施和娱乐休闲设施，并结合丰富的场地景观加强人们锻炼和社会交往活动的开展。

(2) 街道沿线通过空间一体化设计进行交通污染隔离和居民行为引导：在高风险街道沿线的空间采用内街设计形式，通过高大乔木和灌木与道路隔离，同时通过指示牌引导、层次化景观设计，提升沿街商业价值并降低居民在汽车尾气中的暴露风险，营造更为健康的步行和休闲环境。在较高风险街道(路宽较窄)的地区需避免种植过大乔木，减少让居民停留和开展体力活动的设施布置(如游戏场地、小广场)。

(3) 步行天桥的设计应考虑居民在使用过程中的健康暴露风险，对局部步行路径和空中交往空间进行优化：一方面，在保证楼宇可达的情况下，选择健康暴露风险更小的路径；另一方面，在健康风险较小区域，可设计具有一定规模的空中步行广场和创意性构筑物；第三，增加空中步行道到达主要公共绿地的垂直联系，吸引人们在环境相对更好的区域开展社会交往和体力活动。

(4) 在社区内采用“网格式 + 高风险地区”相结合的方法布设环境监测设施(如空气、噪声监测等)，并通过多类终端(如手机客户端)推送给居民，引导健康的户外活动，体现“未来 + 健康”的特点。

(三) 健康品质要素分析

基于步行视角，纳入周边重要楼盘信息，从道路交通、绿地和开放空间，以及其他功能要素三个方面，分析健康品质要素的空间分布格局和服务覆盖情况，即基于可步行道路阻尼(成本)进行最小邻域分析(即服务区分析)。其中，道路交通维度的公交站和地铁站以具体出入口或站牌为点位；其他功能要素维度基于“未来社区”的九大场景，从中选取与健康紧密相关的未来邻里场景和未来健康场景的七类要素。对于服务距离的分析同时参考《城市绿地分类标准》《杭州市城市规划公共服务设施基本配套规定(修订)》(2016)和“15 分钟社区生活圈”概念。

1. 描述性分析　“A 社区”及周边“B 社区”健康品质要素分布包含点和面两个维度(表 4-7)。

道路交通要素上，“B 社区”的周边社区范围内有 11 个公交站站牌点，沿着“B 社区”周边的几条主要干道分布，其中有 2 处公交站在“A 社区”周边；未来规划“A 社区”范围内有 1 个地铁站，4 个出入口可到达 4 个居住组团所在地块。“A 社区”居民公共交通出行便利。

在绿地和开放空间方面，“A 社区”有超过 $6hm^2$ 的绿地，有 5 处提供给社区居民使用的室外健身场地。社区内绿地和开敞空间分布较为均匀，每个居住组团内都有较为集中的公共绿地和户外活动场所分布，并与步行交通紧密联系。

未来场景的功能要素里包含了多样化的健康设施，但数量较少且集中布置。社区内各居住组团之间的要素类型差异较大，有可能造成服务的空间不合理，并对便捷度和可及性带来影响，值得进一步分析研究。

2. 道路交通要素的服务区分析

(1) 规划地铁站 800m 的服务距离可以覆盖整个“A 社区”和邻近的“B 社区”东北部分居住区，但“B 社区”东南部的几个居住区距离较远。

表 4-7　“A 社区”及周边“B 社区”健康品质要素分布数据

健康品质要素维度	具体要素	数量 / 面积	要素类型	服务距离
道路交通	公交站（站牌）	11 个	点状	300m
	地铁站出入口	4 个	点状	800m
绿地和开放空间	公共绿地（A 社区）	$6.27hm^2$	面状	300m
	室外健身场地	5 个	点状	300m
	文化广场	7 个	点状	300m
其他功能要素	集中邻里中心	1 个 /$940m^2$	点状	300m
	分散邻里中心	1 个 /$942m^2$	点状	300m
	社区文化馆	1 个 /$645m^2$	点状	300m~500m
	社区活动馆	1 个 /$607m^2$	点状	300m~500m
	居家养老服务中心	1 个 /2 $849m^2$	点状	300m
	健康管理中心	2 个 /1 $439m^2$	点状	300m
	健身房	1 个 /$558m^2$	点状	300m

规划建议考虑该地区骑行换乘路线和设施的布置，在紧邻地铁站东侧的绿地中布置集中立体式的自行车停放处，同时规划的骑行道有必要将“B 社区”东北部和东南部居住区串联起来。

(2) 300m 的公交站点服务区的覆盖范围有限，“A 社区”和周边住区的很大部分未被服务覆盖到。

有必要在未来交通系统规划中着重考虑公交站点布置，在“A 社区”北侧道路或从“A 社区”经过的次干道沿线布置公交站点，同时考虑公交站与地铁站之间的换乘便捷性。

3. 绿地和开放空间要素的服务区分析　“A 社区”内部规划了充足的绿地，且可及性很好，在覆盖整个社区的同时，对北部、西南部和东南部的地块都起到一定服务辐射作用；“A 社区”室外健身场地和文化广场的服务空间覆盖也比较好。

但对于这些公共绿地和开放空间的生态和社会功效需要结合健康风险分析结果进行综合考虑，合理配置指标和场所设施。譬如存在较高暴露风险区域的健身设施改为室内形式，与建筑底层空间或社区公共建筑结合布置；增加低暴露风险区域的室外体育健身空间的规模，可以布置高强度和高频率的体力活动场地（如篮球场、乒乓球场等）；对于文化广场同样需要通过室内化、环境监测预报等措施提供居民户外活动和交往的引导。

另外，建议未来“A 社区”的公共绿地能够部分对外开放，这就需要构建一套较为完善的管理机制，发挥公共绿地在促进健康公平、社会交往和包容方面能起到的积极作用。

4. 其他健康相关功能要素的服务区分析　“A 社区”文化馆和活动馆的服务空间覆盖较好，邻里中心其次，居家养老服务中心、健康管理中心和健身房的服务空间覆盖最差。“A 社区”将会是一个“未来社区”，年轻化和创新性将是该社区的亮点与内核，这就要求规划建设着重考虑健康品质要素在规模上和空间布置上的合理性。具体而言：

(1) 在邻里中心布局方面，规划方案提出集中和分散邻里中心的概念，但目前两个邻里中心面积一致，却并未达到集中与分散相结合所能带来的更好服务效果。建议采用“集中 +

分散”相结合形式，分散邻里中心在保留核心功能的前提下，合理减少建筑面积，同时在西北和东北居住组团分别增加 1 处规模适当的邻里中心，提高服务均衡性。

(2) 社区活动馆位于社区东北角，处于步行路网的终端，对整个社区的服务效果不佳。建议考虑布置在社区靠近中部位置，起到更好的服务效果。

(3) 居家养老服务中心和健康管理中心的布置相对较偏，可以考虑适当增加设施布点和靠近中心位置布局，提高对社区中南部组团的辐射效能。

(4) 健身房的布置应当进一步考虑年轻人群的需求和交通便捷性，增加布设以及与环境较好区域的结合。

(四) 主要结果和规划建议

针对“A 社区”现状从健康风险叠加分析和健康要素品质分析两个维度实施健康影响评价，具体结果和建议参见表 4-8。重点归纳如下：

表 4-8 “A 社区”现状健康影响评价分析结果与规划建议

	分析维度	综合分析结果	规划建议
健康风险叠加分析	土地使用风险要素	未来主要的污染影响可能来源于社区东北侧的一块面积较大的二类工业污染用地和两块面积稍小的三类工业用地	在未来建设过程中考虑东北角居住组团邻近工业用地的一侧设置防护绿带，以较为高大的乔木和灌木布置为主，提高滞尘和净化空气作用，同时降低居民可能高风险环境暴露的可能
	道路交通风险要素	社区周边的道路交通污染风险主要来源于从社区及周边 2km 范围内经过的 1 条城市主干道和 1 条次干道；中部和南部居住组团受到的交通污染的影响较小	(1) 沿着从社区及周边 2km 范围内经过的 1 条城市主干道和 1 条次干道(特别是交叉口处)两侧，将人行道与建筑退界空间一体化设计成内街的形式，通过植被景观与道路形成一定隔离；同时，通过视线引导、微型景观和标识系统设计，使得沿街商业价值得到提升并降低居民在汽车尾气中的暴露风险； (2) 社区布置空气和噪声监测设备，并提供手机客户端推送服务，引导居民在户外环境条件较好时出门活动和社会交往
	其他服务设施风险要素	现状区域内有 1 处明显的其他服务设施风险影响区域，但随着规划方案的实施，这一情况将有所改变	未来需要加强对沿街商业街道的餐饮业、打印店等潜在污染排放的监管，以降低对楼上、周边居民住宅和户外环境可能造成的健康消极影响
	综合叠置分析	社区具有一定程度的综合健康风险影响，呈现出“以主干道 - 次干道交叉口为中心，风险程度大致圈层式降低”的总体格局。 具体而言，主干道在交叉口上段沿线地区为高值风险区，东北部居住组团和东部居住组团存在面积占比较大的较高风险区，西北部和中西部的居住组团有一定面积的较高风险区，而西南居住组团受到的健康风险影响的用地面积较少	(1) 根据健康风险等级对绿地和开放空间开展差异化景观和场地设计； (2) 街道沿线通过空间一体化设计进行交通污染隔离和居民行为引导； (3) 步行天桥的设计应考虑居民在使用过程中的健康风险暴露，对局部步行路径和空中交往空间进行优化； (4) 在社区内采用“网格式 + 高风险地区”相结合的方法布设环境监测设施，并通过多类终端推送给居民，引导健康的户外活动

续表

	分析维度	综合分析结果	规划建议
健康品质要素分析	道路交通类	(1) 地铁站:800m 的地铁站服务可以覆盖整个“A 社区”和邻近的“B 社区”东北部部分居住区,但“B 社区”东南部的几个居住区距离较远	考虑该地区骑行换乘路线和设施的布置,在紧邻地铁站东侧的绿地中布置集中立体式的自行车停放处,同时规划的骑行道有必要将“B 社区”东北部和东南部居住区串联起来
		(2) 公交站点:300m 的公交站点服务区的覆盖范围有限,“A 社区”和周边住区的很大部分未被服务覆盖到	有必要在未来交通系统规划中着重考虑公交站点布置,在“A 社区”北侧道路或从社区经过的次干道沿线布置公交站点,同时考虑公交站与地铁站之间的换乘便捷性
健康品质要素分析	绿地和开放空间	(1) 公共绿地:“A 社区”的功能绿地的可及性很好,在覆盖整个社区的同时,对北部、西南部和东南部的地块都起到一定服务辐射作用	(1) 公共绿地的生态和社会功效需要结合健康风险评估结果进行综合考虑,合理配置指标和场所设施; (2) 未来“A 社区”的公共绿地能够部分对外开放,需要构建一套较为完善管理机制,发挥公共绿地在促进健康公平、社会交往和包容方面能起到的积极作用
		(2) 室外健身场地:规划室外健身场虽然能够覆盖到绝大多数的楼宇,但有些设施的布点可能会造成居民户外活动时的高风险暴露	(1) 存在较高暴露风险区域的健身设施改为室内形式,与建筑底层空间或社区公共建筑结合布置; (2) 增加低暴露风险区域的室外体育健身空间的规模,可以布置高强度和频率体力活动的场地(如篮球场、乒乓球场等)
		(3) 文化广场:需要考虑健康风险暴露情况	通过室内化、环境监测预报等措施提供居民户外活动和交往的引导
	其他功能要素	(1) 社区文化馆和活动馆:社区活动馆位于东北角,处于步行路网的终端,对整个社区的服务效果不佳	考虑布置在社区靠近中部位置,起到更好的服务效果
		(2) 邻里中心:社区西北部、东北部和西南部没有完全被服务覆盖	采用“集中 + 分散”相结合形式,分散邻里中心在保留核心功能的前提下,合理减少建筑面,同时在西北和东北居住组团分别增加 1 处规模适当的邻里中心,提高服务均衡性
		(3) 居家养老服务中心和健康管理中心布置也相对较偏	考虑适当增加设施布点和靠近中心位置布局,提高对社区中南部组团的辐射效能
		(4) 健身房布置也相对较偏,数量较少	应当进一步考虑年轻人群的需求和交通便捷性,增加布设以及和环境较好区域的结合

(1) 健康风险叠加分析反映出“以主干道 - 次干道交叉口为中心,风险程度大致圈层式降低”的总体格局,居住组团的综合健康风险差异较大。未来的规划建设根据健康风险暴露

等级对公共空间进行差异化的行为引导设计，同时步行连廊的选线应当兼顾楼宇的可及性和降低健康风险暴露的目标。另外，建立环境监测网络并向居民推送相关信息，以促进居民更为健康的户外活动，也应纳入“A 社区”未来的建设考量。

(2) 健康要素品质分析综合反映出部分健康品质要素空间分布不均、空间服务覆盖不足等问题。未来的规划建设和管理引导有必要通过增加健康品质设施、优化空间布局、开放式管理等方式，实现“A 社区”内部最大化促进居民健康，同时为周边社区提供一定的健康资源。

三、健康影响评价结果的使用

第三方评估机构从健康风险叠加分析和健康要素品质分析两个维度针对“A 社区”现状和规划方案进行健康影响评价，并提出了规划方案在健康导向方面的空间优化及相关政策建议。此后，将评价报告和建议提交至杭州市健康办，供项目实施过程中的决策参考。

本案例以杭州市 ×× 社区为例，通过文献证据及相关数据资料的收集和梳理分析，结合现场调研，构建了面向杭州社区层面的空间规划视角下的健康影响评价方法和程序，可为探索开展空间规划健康影响评价提供参考思路。

（**撰　　写**　王　兰　王建勋　钱　玲；
案例提供　刘继恒　刘晓俊　王建勋；
审　　核　林　苗　王　兰　卢　永）

主要参考文献

[1] 中国共产党中央委员会，中华人民共和国国务院．关于建立国土空间规划体系并监督实施的若干意见[EB/OL].(2019-05-23)[2021-08-31].
http://www.gov.cn/zhengce/2019-05/23/content_5394187.htm.
[2] 第十届全国人民代表大会常务委员会．中华人民共和国城乡规划法(2019 修正)[EB/OL].(2019-04-23)[2021-08-31].
https://www.mee.gov.cn/ywgz/fgbz/fl/201906/t20190605_705768.shtml.
[3] 中国健康教育中心．健康影响评价理论与实践研究[M]. 北京：中国环境出版社，2019.
[4] 中国健康教育中心．健康影响评价实施操作手册(2019 版)[M]. 北京：人民卫生出版社，2020.
[5] 牛强．城市规划 GIS 技术应用指南[M]. 北京：中国建筑工业出版社，2012.
[6] 宋小冬，钮心毅．城市地理信息系统实习教程[M]. 3 版．北京：科学出版社，2013.
[7] 唐子来，顾姝．上海市中心城区公共绿地分布的社会绩效评价：从地域公平到社会公平[J]. 城市规划学刊，2015(2):48-56.
[8] 唐子来，陈颂．上海市中心城区轨道交通网络分布的社会正义绩效评价[J]. 上海城市规划，2016(2):102-108.
[9] 唐子来，顾姝．再议上海市中心城区公共绿地分布的社会绩效评价：从社会公平到社会正义[J]. 城市规划学刊，2016(1):15-21.
[10] 王兰．健康城市规划：回归与提升[M]// 孙施文．中国城市规划学会学术成果：品质规划．北京：中国

建筑工业出版社,2018.

[11] 王兰,孙文尧,古佳玉.健康导向城市设计的方法建构及实践探索:以上海市黄浦区为例[J].城市规划学刊,2018(5):71-79.

[12] 王兰,周楷宸.健康公平视角下社区体育设施分布绩效评价:以上海市中心城区为例[J].西部人居环境学刊,2019(2):1-7.